高等学校电子信息类专业"十二五"规划教材

Verilog HDL 数字设计实训教程

贺敬凯　编著

西安电子科技大学出版社

内 容 简 介

本书共四章，第 1 章首先介绍了本书所用的实训平台，并重点介绍了该实训平台的硬件接口(按键、LED、数码管、LCD、UART 等)；然后介绍了基于 Quartus Ⅱ 的数字设计流程、常用的分频器和状态机的设计，为后续章节实训项目设计奠定了基础。第 2 章重点介绍了按键、LED、数码管、LCD、UART 等接口的应用项目开发，为后续章节的数字系统类实训项目的开发提供了支撑。第 3 章在第 2 章接口类应用项目开发的基础上，精选了几个数字系统设计项目，对这些项目进行了详细分析并予以实现，具体包括序列检测器、多功能计算器、求最大公因数、多功能数字钟和音乐播放器。第 4 章重点介绍了基于 Nios Ⅱ 处理器的项目的设计。

本书主要面向高等院校本、专科 EDA 技术和 FPGA 应用开发等课程，推荐作为电子、通信、自动化、计算机应用技术等学科专业与相关的实验指导课的教材或主要参考书，同时也可作为电子设计竞赛、FPGA 开发应用的自学参考书。另外，虽然本书面向的主要对象是 Verilog HDL 的初学者和中级水平的读者，但对于 Verilog HDL 高级用户来说，本书也不失为一本很好的参考书。

图书在版编目(CIP)数据

Verilog HDL 数字设计实训教程/贺敬凯编著. —西安：西安电子科技大学出版社，2012.12
高等学校电子信息类专业"十二五"规划教材
ISBN 978-7-5606-2982-7

Ⅰ. ① V… Ⅱ. ① 贺… Ⅲ. ① 数字系统—系统设计—高等学校—教材
Ⅳ. ① TP271

中国版本图书馆 CIP 数据核字(2013)第 015744 号

策　　划　云立实
责任编辑　买永莲　云立实
出版发行　西安电子科技大学出版社（西安市太白南路 2 号）
电　　话　(029)88242885　88201467　邮　　编　710071
网　　址　www.xduph.com　　　　电子邮箱　xdupfxb001@163.com
经　　销　新华书店
印刷单位　陕西光大印务有限责任公司
版　　次　2012 年 12 月第 1 版　　2012 年 12 月第 1 次印刷
开　　本　787 毫米×1092 毫米　1/16　印张 12
字　　数　280 千字
印　　数　1～3000 册
定　　价　22.00 元
ISBN 978 - 7 - 5606 - 2982 - 7 / TP
XDUP 3274001-1

＊＊＊ 如有印装问题可调换 ＊＊＊

本社图书封面为激光防伪覆膜，谨防盗版。

前　言

Verilog HDL 数字设计是电子类专业以及相关专业的技术主干课，使用硬件描述语言进行数字系统设计是电子设计技术的发展趋势和方向。目前，Verilog HDL 数字设计方面的教材多以讲述理论为主，再加上一些仿真验证，实际上把设计落实到硬件上，还需要做许多相关的设计工作。基于这一点，笔者在前期编写的《Verilog HDL 数字设计教程》(西安电子科技大学出版社，2010 年 4 月)的基础上，又编写了这本与其相配的实训教材，以互为补充。

本书所有项目的设计均基于一套开发环境：一个简单实用的硬件平台(使用的是 Cyclone II FPGA：EP2C8Q208)和一个软件开发平台(使用的是 Quartus II 8.0)。硬件平台上的接口仅有按键、LED、数码管、LCD、UART 等。在这些仅有常用资源的硬件平台上进行数字系统的设计开发是一个挑战，既需要扎实的基本功，又需要一些编程技巧。

在教学过程中，笔者结合学生的实际情况，不断地充实和完善教学讲义，在试用该讲义的过程中，取得了良好的效果，因而将该讲义整理汇总后形成了本书。

全书共四章，具体内容如下：

第 1 章首先介绍了本书所用的实训平台，并重点介绍了该实训平台的硬件接口(按键、LED、数码管、LCD、UART 等)；然后介绍了基于 Quartus II 的数字设计流程，包括设计输入编辑、设计分析与综合、适配、编程文件汇编(装配)、时序参数提取以及编程下载等几个步骤；最后介绍了常用的分频器和状态机的设计。本章内容是进行后续章节实训项目设计的基础。

第 2 章重点介绍了按键、LED、数码管、LCD、UART 等接口的应用项目开发，为后续章节的数字系统类实训项目的开发提供了支撑。

第 3 章在第 2 章接口类应用项目开发的基础上，精选了几个数字系统设计项目，并对这些项目进行了详细分析和实现，具体包括序列检测器、多功能计算器、求最大公因数、多功能数字钟和音乐播放器。这些项目最大限度地利用了本书所用开发板的资源。

第 4 章重点介绍了基于 Nios II 处理器的几个项目的设计。

书中的内容全部符合 IEEE1364-2001 标准。

本书有以下几个方面的特色：

(1) 所有项目均是完整的，其中大多来源于实践，可以开展项目教学、实践教学。

(2) 每个项目均由多个模块实现，每个模块相对独立，顶层模块将各模块有机整合，便于读者理解和掌握设计思想和设计方法。

根据教学计划，本书建议讲授约 54 学时，部分章节的次序和内容可依各专业要求酌情调整。

本书由贺敬凯编著，其妻子陈庶平也参加了部分章节的排版与校对工作，并对作者的生活和工作百般照顾，在此表示深深的谢意。

本书编写过程中参考了许多学者的著作和论文中的研究成果，在此表示衷心的感谢。同时也感谢西安电子科技大学出版社的云立实编辑，感谢他为本书出版付出的努力！

限于笔者水平，书中的不当之处在所难免，希望读者批评指正。

读者在阅读本书时，如有疑问，可与笔者交流(QQ：2372775147)。

本书提供 PPT 课件，有需要的读者可向出版社索取。

编　者
2012 年 10 月于深圳

目　　录

Verilog HDL 数字设计实训基础

本章首先介绍本书所用的实训平台，重点介绍了按键、LED、数码管、LCD、UART等常用接口的电路连接图，然后介绍基于 Quartus II 的数字设计流程，包括设计输入编辑、分析与综合、适配、编程下载等几个步骤，最后介绍两个有实用价值的设计——分频器和有限状态机。分频器是数字电路中最常用的电路之一，本章通过实例介绍 2 的 N 次幂分频、偶数分频、奇数分频、小数分频等，并在程序说明中说明分频的原理；有限状态机及其设计技术是实用数字系统设计中的重要组成部分，因为有限状态机具有有限个状态，所以很容易使用可综合的 Verilog HDL 代码实现，本章着重介绍有限状态机的基本概念以及编码方法。

1.1　实 训 平 台

1. 实训平台简介

本实训平台使用的是 Altera 公司的 FPGA 芯片 EP2C8Q208，开发板的结构如图 1-1 所示。本开发板外设资源相对较少，但简洁实用，非常适合 FPGA 开发爱好者学习使用。

本开发板提供了以下外设资源：

- 4 个按键；
- 4 位 LED；
- 2 个数码管；
- 1 个液晶接口——LCD1602；
- 1 个 UART 接口；
- 8 MB SDRAM；
- 4 MB FLASH。

本开发板适合于以下几方面的应用：

- Verilog HDL、VHDL 的学习开发；
- FPGA 的嵌入式系统学习和应用开发；
- Nios II 软核系统的学习和应用开发；
- 嵌入式应用系统外设的学习和应用开发。

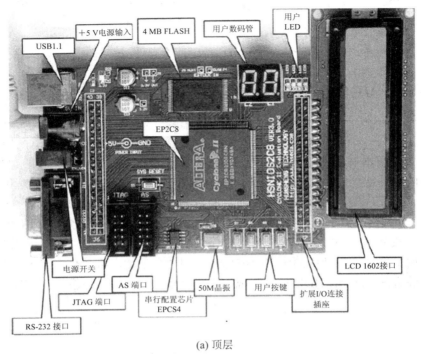

(a) 顶层

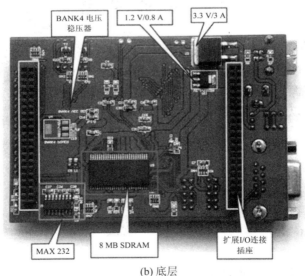

(b) 底层

图 1-1 开发板的结构

2. 实训接口介绍

本实训平台提供了几个常用的接口，包括按键、LED、数码管、液晶和串口，可以在此基础上开发出丰富的实训项目。下面仅介绍本实训教程中用到的几个常用接口的电路连接图。

(1) 按键接口。按键是最常用的用户与 FPGA 交互信息的手段之一，通常用于输入信息。

按键的电路连接图和引脚对应图如图 1-2 所示。

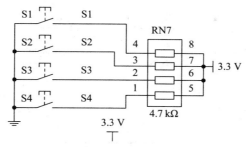

板上按键对应引脚

器件名	网络名	FPGA 映射引脚
S1	S1	60
S2	S2	61
S3	S3	63
S4	S4	64

图 1-2 按键的电路连接图和引脚对应图

(2) LED。LED 是最常用的用户与 FPGA 交互信息的手段之一，通常用于辅助调试和显示结果。

LED 的电路连接图和引脚对应图如图 1-3 所示。

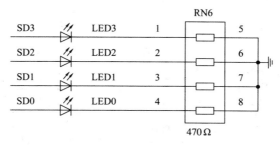

LED 对应引脚

器件名	网络名	FPGA 映射引脚
LED0	LED0	87
LED1	LED1	88
LED2	LED2	89
LED3	LED3	90

图 1-3 LED 的电路连接图和引脚对应图

(3) 数码管接口。数码管是最常用的用户与 FPGA 交互信息的手段之一，通常用于辅助调试和显示结果。

数码管的电路连接图和引脚对应图如图 1-4 所示。

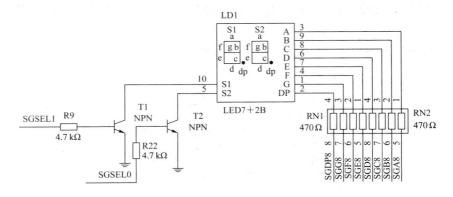

数码管对应引脚		
器件名	网络名	FPGA 映射引脚
T1	SGSEL1	151
T2	SGSEL0	107
LD1-A	SGA8	97
LD1-B	SGB8	99
LD1-C	SGC8	101
LD1-D	SGD8	102
LD1-E	SGE8	103
LD1-F	SGF8	104
LD1-G	SGG8	105
LD1-DP	SGDP8	106

图 1-4 数码管的电路连接图和引脚对应图

(4) 液晶接口。液晶是最常用的用户与 FPGA 交互信息的手段之一，通常用于显示结果。

液晶的电路连接图和引脚对应图如图 1-5 所示。

LCD1602 对应引脚		
器件名	网络名	FPGA 映射引脚
D0	SD0	87
D1	SD1	88
D2	SD2	89
D3	SD3	90
D4	SD4	92
D5	SD5	94
D6	SD6	95
D7	SD7	96
E	KEYS3	70
RW	KEYS2	69
RS	KEYS1	68

图 1-5 液晶的电路连接图和引脚对应图

（5）UART。UART 是最常用的用户与 FPGA 交互信息的手段之一，通常用于辅助调试。UART 的电路连接图和引脚对应图如图 1-6 所示。

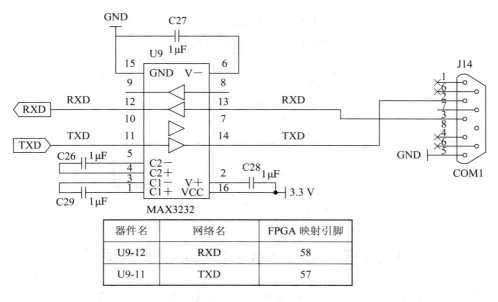

器件名	网络名	FPGA 映射引脚
U9-12	RXD	58
U9-11	TXD	57

图 1-6　UART 的电路连接图和引脚对应图

（6）时钟源。在电子系统中，时钟相当于心脏，时钟的频率和稳定性直接决定着整个系统的性能，并且为应用系统提供可靠、精确的时序参考。本实训平台使用的时钟源频率为 50 MHz，时钟源的电路连接图和引脚对应图如图 1-7 所示。

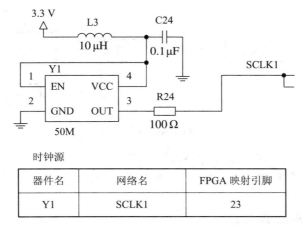

时钟源

器件名	网络名	FPGA 映射引脚
Y1	SCLK1	23

图 1-7　时钟源的电路连接图和引脚对应图

（7）复位电路。此处的复位，类似于计算机的复位按钮，按下后，FPGA 运行再从头开始。

复位电路连接图和引脚对应图如图 1-8 所示。

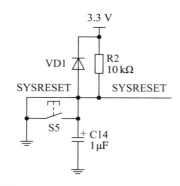

器件名	网络名	FPGA 映射引脚
S5	SYSRESET	132

图 1-8   复位电路连接图和引脚对应图

1.2   基于 Quartus II 的数字设计流程

本节将简单介绍在 Quartus II 8.0 环境下进行 FPGA 开发和应用的基本操作。

Quartus II 是 Altera 提供的 FPGA/CPLD 开发集成环境，图 1-9 是 Quartus II 设计流程。

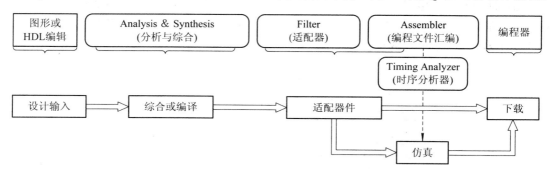

图 1-9   Quartus II 设计流程

下面通过一个设计实例来详细介绍该设计流程。

【例 1-1】实现一个 LED 灯的闪烁，闪烁周期为 1 s。

程序代码如下：

```
module led_blink(clk, led);
input clk;
output led;
wire clk_1Hz;
divf_led_blink U1(clk, clk_1Hz);
ctrl_led_blink U2(clk_1Hz,led);
endmodule
```

```
//分频电路,由 50MHz 产生 1Hz 的频率
module divf_led_blink(input clk, output reg clk_1Hz);
integer p;
always@(posedge clk)
if(p==25000000-1) begin p=0; clk_1Hz<=~clk_1Hz; end
else p<=p+1;
endmodule
//控制 LED 闪烁
module ctrl_led_blink(input clk_1Hz,output reg led);
always @(posedge clk_1Hz)
    led<=~led;
endmodule
```

程序说明:

(1) 模块 led_blink 通过调用两个模块来实现本设计,如图 1-10 所示。模块 divf_led_blink 实现分频,将 50 MHz 的频率分频得到 1 Hz 的频率;模块 ctrl_led_blink 实现 LED 灯的闪烁控制。

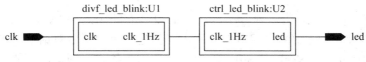

图 1-10   例 1-1 的顶层实现框图

(2) divf_led_blink 使用加法计数器对时钟信号进行分频。关于分频的详细讨论参见本章"分频器设计"一节。

下面结合例 1-1,详细介绍 Quartus II 软件的使用流程。

1. 创建工程的准备工作

(1) 双击桌面上的 Quartus II 图标,打开 Quartus II 软件,也可以通过"开始→程序→Altera→Quartus II 8.0→Quartus II 8.0"打开 Quartus II。

(2) 选择"File→New"菜单项打开新建对话框,在对话框中选择"Verilog HDL File",如图 1-11 所示。

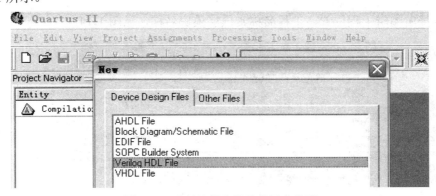

图 1-11   选择编辑文件及其语言类型

（3）在文件编辑界面中输入 Verilog HDL 源代码，完成后点击"File→Save"菜单项，在弹出的对话框中键入文件名 led_run 并保存，如图 1-12 所示。

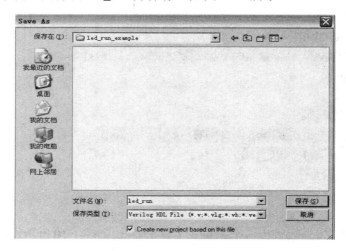

图 1-12　键入源程序并存盘

2. 创建工程

创建工程有两种方法：第一种方法是在图 1-12 中最下方选中"Create new project based on this file"，点击图 1-12 中的"保存"后即出现创建工程的其他对话框；第二种方法是利用 File 菜单中的"New Preject Wizard"创建工程。这两种方法创建工程的步骤和涉及的内容是一致的，下面用第二种方法来创建工程。

（1）选择"File→New Project Wizard…"菜单项，见图 1-13。

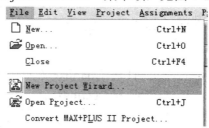

图 1-13　创建新工程

（2）选择所编辑工程位置、工程名称、顶层模块名称，见图 1-14。

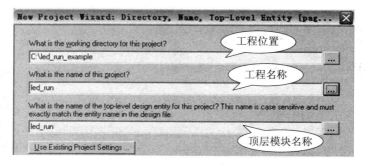

图 1-14　工程位置、工程名称、顶层模块名称

(3) 加入 Verilog 源文件，见图 1-15。

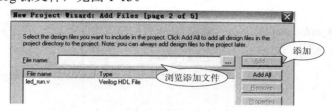

图 1-15　将所有相关的文件都加入此工程

　　将所有相关的文件都加入此工程，本例只有一个 Verilog 文件 led_run.v，将该文件添加进工程即可。

(4) 选择 FPGA 器件，界面见图 1-16。

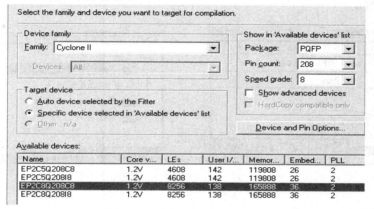

图 1-16　选择目标 FPGA 器件

　　如果熟悉所用 FPGA 器件的封装类型、引脚数或速度，可以通过直接选择封装类型、引脚数量或速度来方便快捷地选择 FPGA 器件。

(5) 选择第三方的综合工具、仿真工具或时序分析工具。

　　如图 1-17 所示，均选择默认值，也就是说使用 Quartus Ⅱ 8.0 自带的综合、仿真、时序分析工具。如果要使用第三方工具，比如要使用 ModelSim 作为仿真工具，可按图 1-18 所示设置。

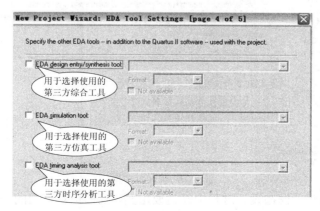

图 1-17　选择第三方工具

图 1-18　使用 ModelSim 作为仿真工具的设置

(6) 点击 Next 按钮后出现项目汇总信息，然后点击 Finish 按钮，工程创建完毕。

工程创建完成后，可以查看工程的层次信息以及工程中的设计文件信息，如图 1-19 所示。查看设计文件界面时，双击文件名 led_run.v，右侧显示该文件的 Verilog 代码，并可以编辑修改该文件。

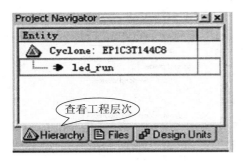

图 1-19　工程层次界面和设计文件界面

3. 编译设置

(1) 在工程层次界面中，在 led_run 上单击右键，然后点击 Setting…项，出现图 1-20 所示的对话框。

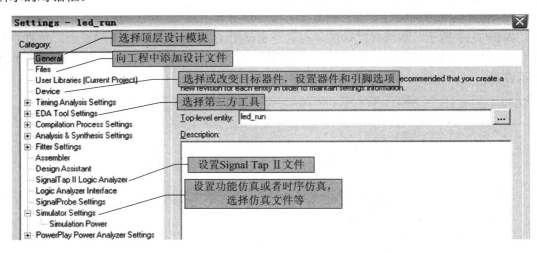

图 1-20　设置对话框

图 1-20 所示的对话框在设计过程中经常要用到，我们也对常用的一些功能做了简单的注释。比如：在 General 选项卡中，可以随时更改顶层设计文件，这样就可以在同一个工

程中对不同层次的文件进行编译、综合、仿真等；在 Device 选项卡中，可以根据目标器件的不同，随时选定或更改目标器件；在 Simulator Settings 选项卡中，可以选用第三方仿真工具，可以随时更改仿真为功能仿真或时序仿真，也可以随时更改仿真用的仿真向量文件，等等。对于在最初创建工程过程中的错误的设置，也可以通过这个界面进行更正。

(2) Device 设置。在图 1-20 中，点击 Device，出现图 1-21 所示对话框，设置信息如图所示。

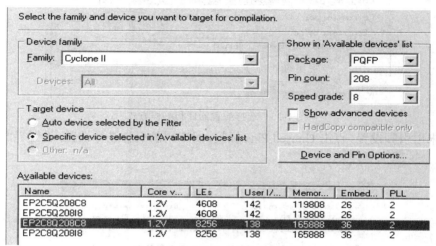

图 1-21　Device 设置对话框

(3) 设置器件工作方式。图 1-21 中显示的目标器件是在创建工程中设置的。点击 `Device & Pin Options...` 按钮，弹出图 1-22 所示对话框。

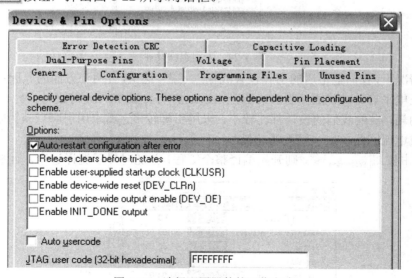

图 1-22　选择配置器件的工作方式

(4) 选择配置器件和编程方式。点击 Configuration 标签，设置器件编程方式和配置器件，设置信息如图 1-23 所示。

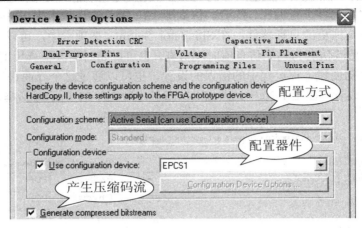

图 1-23　选择配置器件和编程方式

(5) 未用引脚设置。点击 Unused Pins 标签，对未用的引脚进行设置，设置界面如图 1-24 所示。

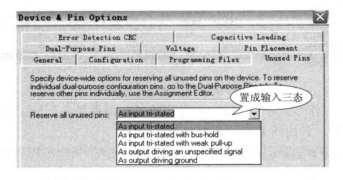

图 1-24　未用引脚设置

一般情况下，我们把不用的引脚设置成输入三态。这里，有两个方面的原因：一是 SRAM 等设备是低电平启动，置成高阻态可防止错误地启动类似 SRAM 等设备；另一方面，也是为了降低功耗，一般我们的设计都比较小，未用引脚较多，而未用引脚默认为输出低电平，这样会形成电流回路，产生较大的功耗。

(6) 点击按钮 Processing ▶，则开始编译整个工程，并随时显示编译进度，如图 1-25 所示。

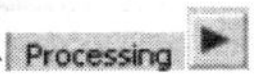

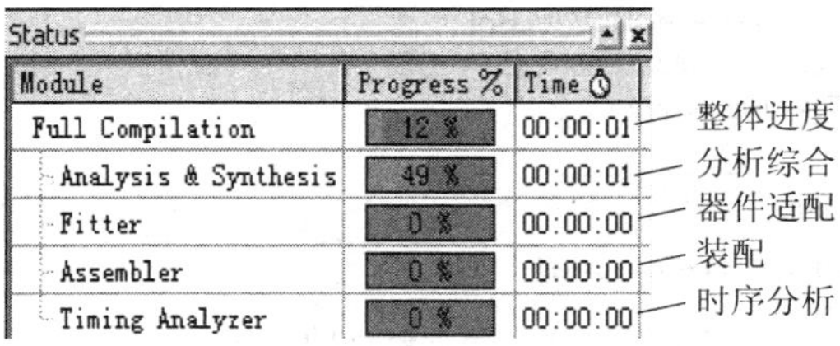

Module	Progress %	Time ⏱	
Full Compilation	12 %	00:00:01	整体进度
Analysis & Synthesis	49 %	00:00:01	分析综合
Fitter	0 %	00:00:00	器件适配
Assembler	0 %	00:00:00	装配
Timing Analyzer	0 %	00:00:00	时序分析

图 1-25　编译进度

通常，我们的设计较小，建议选用全程编译。如果我们的设计较大，建议按照"分析综合—器件适配—装配—时序分析"的步骤来编译工程。

全程编译过程中，如果设计中有错误，则 Quartus II 停止编译并给出错误信息，如图 1-26 所示。

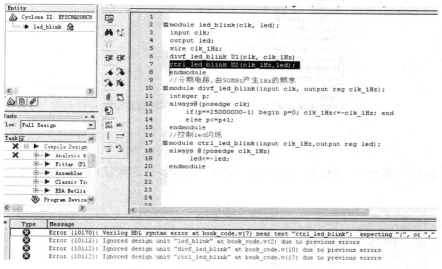

图 1-26　全程编译后出现报错信息

出现错误信息后，找到某个错误信息并双击即可定位到相应的源码中，如图 1-26 所示。从图中可以看出，在所提示错误行的上面一行，缺少"；"，在上面一行的最后加上"；"即可。通常，源码中的一个错误可能引发多个报错信息，因此我们将第一个错误修改完成后，应该再次运行全程编译，这样一步步地修改所有错误，直到没有错误信息显示。

全程编译成功后，会给出一个编译报告，其中有许多有用的信息，如图 1-27 所示。

Flow Status	Successful - Fri Sep 28 15:23:57 2012
Quartus II Version	8.0 Build 215 05/29/2008 SJ Full Version
Revision Name	book_code
Top-level Entity Name	led_blink
Family	Cyclone II
Device	EP2C8Q208C8
Timing Models	Final
Met timing requirements	Yes
Total logic elements	56 / 8,256 (< 1 %)
Total combinational functions	56 / 8,256 (< 1 %)
Dedicated logic registers	34 / 8,256 (< 1 %)
Total registers	34
Total pins	2 / 138 (1 %)
Total virtual pins	0
Total memory bits	0 / 165,888 (0 %)
Embedded Multiplier 9-bit elements	0 / 36 (0 %)
Total PLLs	0 / 2 (0 %)

图 1-27　全程编译成功后的汇总信息

图 1-27 中，可以看到目标器件的信息以及逻辑单元、引脚、存储单元、锁相环等的使用情况。

4. 仿真验证

下面建立子模块 led_blink 的仿真。

(1) 建立仿真文件。选择"File→New→Others"菜单项，出现图 1-28 所示界面。

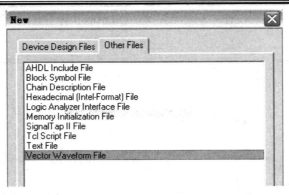

图 1-28　选择 Vector Waveform File 界面

在图 1-28 中做出图示选择后点击 OK 按钮，则看到仿真测试向量波形文件，如图 1-29 所示。

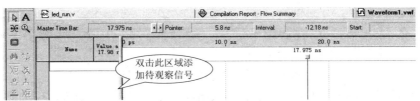

图 1-29　仿真测试向量波形文件

按图 1-29 指示，双击左边的空白区域后，弹出一个对话框，在该对话框中选择"Node Finder…"按钮，则弹出如图 1-30 所示对话框。

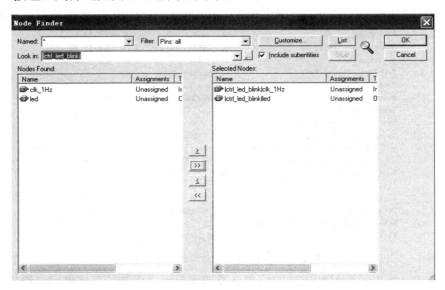

图 1-30　仿真波形信号设置

图 1-30 中，左侧为待选择信号，右侧为待观察信号。在"Filter"栏中选择"Pins:all"，然后点击 List 列出所有输入输出端口，再点击 ▷ 将其加入到观察目标窗口中。单击 OK 按钮，在波形图中加入了待观察信号的图形如图 1-31 所示。

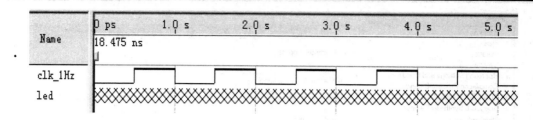

图 1-31　加入了待观察信号的波形图

(2) 设置仿真时间最小间隔。模块 led_blink 的输入为 clk_1Hz 的时钟信号，即时钟周期为 1 s。选择"Edit→Grid Size"菜单项，在弹出的对话框中将 Period 设为 1 s，如图 1-32 所示。

图 1-32　设置仿真时间最小间隔

(3) 选择仿真时间长度为 10 s。选择"Edit→End Time"菜单项，在弹出的对话框中将 Time 设为 10 s，如图 1-33 所示。

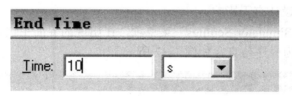

图 1-33　设置仿真时间长度

(4) 编辑输入波形。选中 clk_1Hz，点击 图标，设置为时钟波形，周期为 1 s。设置完成后保存，默认文件名同工程名一致。设置好的界面如图 1-34 所示。

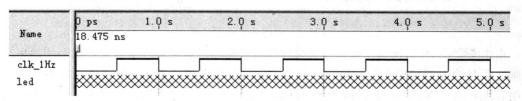

图 1-34　设置完成的界面

(5) 功能仿真(前仿真)。选择"Settings→Simulator Settings"菜单项，在出现的界面中选择 Simulation mode 为 Functional，将仿真设置为功能仿真，如图 1-35 所示。

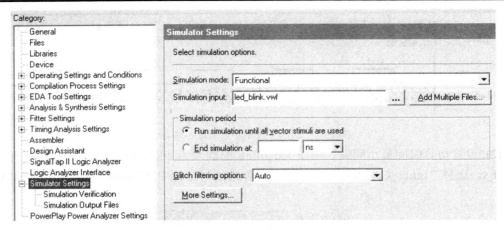

图 1-35　功能仿真设置界面

点击"Processing→ `Generate Functional Simulation Netlist` "菜单项，产生功能仿真网表，然后点击 `Start` 开始仿真，仿真结果如图 1-36 所示。

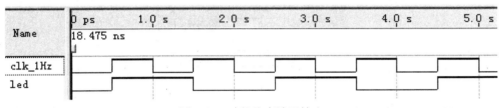

图 1-36　功能仿真波形输出

(6) 时序仿真(后仿真)。功能仿真后，如果仿真波形与预想的一致，则开始进行时序仿真，检查波形延时对设计有无影响。

选择"Settings→Simulator Settings"菜单项，在出现的界面中选择 Simulation mode 为 Timing，将仿真设置为时序仿真，如图 1-37 所示。

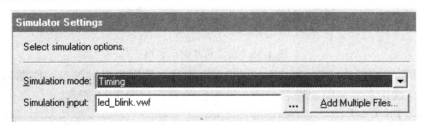

图 1-37　时序仿真设置界面

点击 `Start` 开始仿真，可以得到时序仿真波形图。通常，时序仿真波形图的输出会有毛刺，而且输出相较输入存在延时。但由于延时时间很短，为几纳秒，所以在波形图中不能明显地看出。本例中，时钟源为 50 MHz，LED 灯 1 s 闪烁 1 次，所以本例的时序仿真波形与功能仿真波形图几乎完全相同，看不出差别。

5. 引脚锁定和硬件验证

选择"Assignments→Pins"菜单项，弹出如图 1-38 所示的对话框，按图示进行引脚锁定，然后保存。

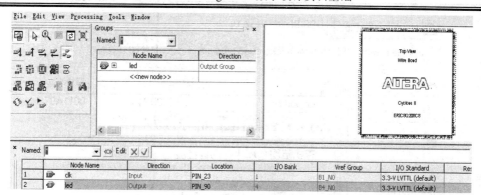

图 1-38　引脚锁定对话框

下面介绍如何把程序下载到硬件上进行测试。

首先，安装 USB-Blaster 编程器。将 USB-Blaster 编程器的 USB 口插入 PC，如果是第一次使用 USB-Blaster，则 PC 会弹出提示要求安装驱动程序 FTD2XX.sys。根据提示，将驱动程序路径指定为 "C:\altera\quartus80\drivers\usb-blaster" 即可正确安装 USB-Blaster 编程器。

其次，设置 USB 硬件端口，选用 USB 编程器对 FPGA 编程，操作界面及选项如图 1-39 所示。具体操作步骤如下：

(1) 选择编程下载方式 Mode 的选项为 JTAG 模式。这种模式可将程序下载至 FPGA 中运行，但断电后下载到 FPGA 中的程序即消失，下次调试程序时需要重新下载。如果要保存下载的程序而不必每次调试时都重新下载，则可以选择其他下载模式，将需要下载的程序保存在程序存储器中，每次上电时 FPGA 从程序存储器中取出程序运行。

(2) 点击右上角的 "Hardware Setup…" 选择下载电缆，在弹出的对话框中可以看到 "USB-Blaster"，这说明 USB-Blaster 编程器已安装完成。若没有出现 "USB-Blaster"，则需要重新安装 USB-Blaster 编程器。

(3) 双击 "USB-Blaster" 选项，则在 Currently selected hardware 后面出现 USB-Blaster[USB-0]，然后点击 Close 按钮退出对话框。完成设置的对话框如图 1-40 所示。此时就可以用 USB 编程器对 FPGA 进行编程了。

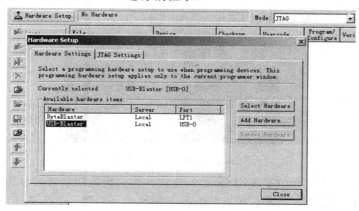

图 1-39　设置 USB 硬件端口

图 1-40　选择下载文件

在图 1-40 中，点击 Add File…按钮，然后选取 run_led.sof 文件作为下载文件，所有准备工作完成后的界面如图 1-41 所示。

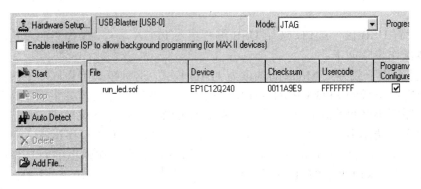

图 1-41　下载界面

在图 1-41 中选中![Program/Configure]，然后在 Quartus Ⅱ 软件界面下选择"Tools→Programmer"菜单项，或者点击图 1-41 中的 Start 按钮，就可以将程序下载到 FPGA 中了。程序下载后，就可以看到硬件板上 LED 灯闪烁的效果，如图 1-42 所示。

图 1-42　LED 灯闪烁的效果

需要说明的是，上文介绍了使用 Quartus Ⅱ 软件的完整数字系统设计流程，包括设计输入编辑、设计分析与综合、适配、仿真、编程下载等几个步骤。在后续的项目设计过程中，我们可能会用到上述步骤的全部或者仅用到一部分。

1.3　分 频 器 设 计

在具体的电路设计中，可能需要很多种不同频率的时钟，但实际电路中往往只有一种单一频率的外部时钟源，例如本实训平台使用的时钟源频率为 50 MHz，这时就需要分频或倍频以得到具体电路所需要的时钟频率。倍频电路需要具体硬件的支持，本小节暂不阐述；分频电路通过简单的设计即可实现。

分频器电路是非常有用的一种电路。分频的方法很多，最常见的是利用加法计数器对时钟信号进行分频。下面通过几个例子，分别介绍 2 的整数次幂分频、奇数分频、偶数分频、小数分频的方法。

【例 1-2】　设计参数型 2^n 分频器，要求占空比为 50%。

程序代码如下：

```verilog
module divf_2powN(rst,clk,en,clk_N);
input rst,clk,en;
output clk_N;
parameter N=2;
reg[N-1:0] count;
always @(posedge clk)
    begin
if(rst) count<=0;
else if(en)   count<=count+1;
    end
assign clk_N=count[N-1];
endmodule
```

程序说明：

(1) 本例可实现 2 的任意整数次幂分频器设计，占空比为 50%。

(2) 本例中 N 定义为常整数 2，也就是说本例实现的是 2 的 2 次幂分频，即 4 分频。如果要实现 2 的 N 次幂分频，则仅需要调用该模块，并修改参数 N 即可。例如实现 8 分频时，将参数 N 修改为 3 即可，具体实现代码如下：

```verilog
module divf_2pow3(rst,clk,en,clk8);
input rst,clk,en;
output clk8;
divf_2powN #(3) divf8(rst,clk,en,clk8);
endmodule
```

(3) 本例除了可以得到 2 的 N 次幂分频外，还可以非常容易地得到 2 的 N−1 次幂、N−2 次幂、…、1 次幂分频，只需要多添加几条 assign 语句即可，例如：

```verilog
module divf_2pow4(rst,clk,en,clk2,clk4,clk8,clk16);
input rst,clk,en;
```

```
output clk2,clk4,clk8,clk16;
reg[3:0] count;
always @(posedge clk)
  begin
if(rst) count<=0;
else if(en)   count<=count+1;
  end
assign clk2=count[0];     //2 分频
assign clk4=count[1];     //4 分频
assign clk8=count[2];     //8 分频
assign clk16=count[3];    //16 分频
endmodule
```

【例 1-3】 设计参数型奇数分频器，要求占空比为 50%。

程序代码如下：

```
module
divf_oddn(clk,clk_N);
input clk;
output    clk_N;
parameter N=3;
integer p,q;
reg clk_p,clk_q;
always @(posedge clk)    //N 分频设计例,体会其算法(占空比为 50%)
  begin
  if(p==N-1)
        begin p=0; clk_p=~clk_p; end
    else p=p+1;
  end
always @(negedge clk)
  begin
  if(q==N-1) q=0;
    else        q=q+1;
  if(p==(N-1)/2)   clk_q=~clk_q;
  end
assign clk_N=clk_p^clk_q;
endmodule
```

程序说明：

(1) 奇数分频仍然采用加法计数的方法，只是要对时钟的上升沿和下降沿分别计数，这是因为输出波形的改变不仅仅发生在时钟的上升沿。

(2) 本例使用两个计数器 p 和 q 分别对上升沿和下降沿计数，然后通过组合逻辑 assign

clk_N=clk_p^clk_q;控制输出时钟的电平，从而得到需要的时钟波形。

(3) 上述模块定义了一个参数化的奇数分频电路，并实现了一个 3 分频电路。如果设计一个顶层模块，调用该模块并修改参数，则可实现任意奇数分频，例如：

```
module divf_oddn_top(clk,clk_3,clk_5.clk_7);
input clk;
output clk_3,clk_5,clk_7;
divf_oddn #(3) div_odd3(clk,clk_3);
divf_oddn #(5) div_odd5(clk,clk_5);
divf_oddn #(7) div_odd7(clk,clk_7);
endmodule
```

该模块的仿真波形如图 1-43 所示，由图中可知，上述代码实现了任意奇数分频。

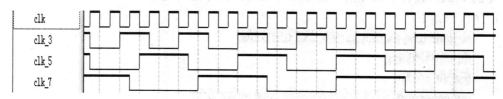

图 1-43   任意奇数分频的仿真波形

【例 1-4】 设计参数型偶数分频器，要求占空比为 50%。

程序代码如下：

```
module divf_even(clk,clk_N);
input clk;
output reg clk_N:
parameter N=6:
integer p;
always @(posedge clk)
  begin
    if(p==N/2-1) begin p=0; clk_N=~clk_N; end
    else p=p+1;
  end
endmodule
```

程序说明：

(1) 对于偶数分频，仍然采用加法计数的方法，只是要对时钟的上升沿进行计数，这是因为输出波形的改变仅仅发生在时钟上升沿。本例使用了一个计数器 p 对上升沿计数，计数计到一半时，控制输出时钟的电平取反，从而得到需要的时钟波形。

(2) 上述模块定义了一个参数化的偶数分频电路，并实现了一个 6 分频电路。如果设计一个顶层模块，调用该模块并修改参数，则可实现任意偶数分频，例如：

```
module divf_even_top(clk,clk_12,clk_10);
input clk;
```

```
output clk_12,clk_10;
divf_even #(12) div_even12(clk,clk_12);
divf_even #(10) div_even10(clk,clk_10);
endmodule
```

该模块的仿真波形如图 1-44 所示，由图中可知，上述代码实现了任意偶数分频。

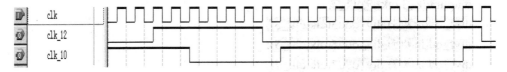

图 1-44　任意偶数分频的仿真波形

【例 1-5】　设计参数化的任意整数分频器，占空比可变。

程序代码如下：

```
module divf_parameter(rst,clk,en,clkout);
input rst,clk,en;
output clkout;
integer temp;              //最大值为 2 的 32 次方
parameter N=7,M=3;         //N 为分频系数，M/N 为占空比
always @(posedge clk)
  begin
  if(rst) temp<=0;
  else if(en)
     if(temp==N-1) temp<=0;
     else temp<=temp+1;
  end
assign clkout=(temp<M)? 1 : 0;
endmodule
```

程序说明：

(1) 占空比可变的分频器需要设置两个参数，一个控制分频比，另一个控制占空比，从而得到需要的时钟波形。本例中，N=7，M=3，说明是 7 分频电路，占空比为 3/7。

(2) 上述模块定义了一个参数化的占空比可变的分频电路。如果设计一个顶层模块，调用该模块并修改参数，则可实现任意占空比的分频器，例如：

```
module div_Para_top(rst,clk,en,clk3_2,clk5_1,clk6_3); //顶层设计
input rst,clk,en;
output clk3_2,clk5_1,clk6_3;
divf_parameter #(3,2) f1(rst,clk,en,clk3_2);      //3 分频,占空比为 2/3
divf_parameter #(5,1) f2(rst,clk,en,clk5_1);      //5 分频,占空比为 1/5
divf_parameter #(6,3) f3(rst,clk,en,clk6_3);      //6 分频,占空比为 3/6
endmodule
```

　　该模块的仿真波形如图 1-45 所示，由图中可知，上述代码实现了占空比可变的任意分频功能。

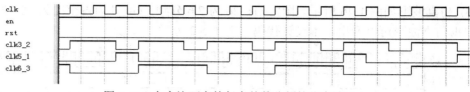

图 1-45　占空比可变的任意整数分频的仿真波形

【例 1-6】　设计 5.2 小数分频器，要求占空比为 50%。

程序代码如下：

```
module divf_decimal(clk,clk_26,clk_d);
input clk;
output reg clk_26;
output reg clk_d;
reg[3:0] cnt1;
reg[1:0] cnt2,cnt3;
always @(posedge clk)
 begin
 if(cnt1<4) //4times
   begin
        if(cnt2<1) begin cnt2=cnt2+1; clk_26=0; end
        else begin cnt2=0; clk_26=1; cnt1=cnt1+1; end
     end
   else       //6times
     begin
        if(cnt2<2) begin cnt2=cnt2+1; clk_26=0; end
        else begin cnt2=0;clk_26=1; cnt1=cnt1+1; end
        if(cnt1==10) cnt1=0;
     end
   end
always @(posedge clk_26)
   clk_d=~clk_d;
endmodule
```

程序说明：

(1) 首先将频率进行 2.6 分频，然后再进行 2 分频，这样可以保证占空比为 50%。

(2) 对于小数分频，先设计两个不同分频比的整数分频器，然后通过控制两种不同分频比出现的次数来实现。对于小数 N 可以转换成 M/P 的形式，其中 P 为 10^n（n 表示小数的位数）。进行 2.6 分频时，可以进行 4 次 2 分频和 6 次 3 分频，这样这 10 次分频的平均分频系数为 $(4 \times 2 + 6 \times 3)/(4 + 6) = 2.6$，从而实现了平均意义上的小数分频。根据小数分频原理，如果要进行 7.1 分频，则可以进行 9 次 7 分频和 1 次 8 分频，这样 10 次分频的平均分频系数为 $(9 \times 7 + 1 \times 8)/(4 + 6) = 7.1$。

(3) 仿真波形如图 1-46 所示。图中 clk_26 为 2.6 分频，clk_d 为占空比为 50% 的 5.2 分频。根据仿真波形可以看出，本设计代码实现了 5.2 分频。

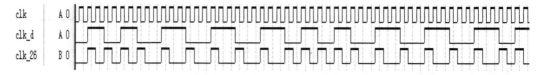

图 1-46　小数分频的仿真波形

分频器是十分有用的电路，在实际电路设计中，各种整数分频和小数分频都有可能出现，用本章介绍的方法基本上可以解决问题。但对于占空比任意的整数分频和小数分频，有可能精度要求较高，此时则需要更复杂的算法，感兴趣的读者可查阅相关资料。

1.4　同步有限状态机设计

有限状态机及其设计技术是实用数字系统设计中的重要组成部分，是实现高效率高可靠性逻辑控制的重要途径。状态机特别适合描述那些发生有先后顺序或者有逻辑规律的事情，其实这就是状态机的本质。状态机就是对具有逻辑顺序或时序规律事件的一种描述方法，"逻辑顺序"和"时序规律"就是状态机所要描述的核心和强项，换言之，所有具有逻辑顺序和时序规律的事情都适合用状态机描述。

有限状态机广泛应用于硬件控制电路设计，它把复杂的控制逻辑分解成有限个稳定状态，变连续处理为离散数字处理。有限状态机虽然仅有有限个状态，但这并不意味着其只能进行有限次的处理，相反，有限状态机是闭环系统，有限无穷，可以用有限的状态处理复杂的事务。

1. 状态机的基本概念

1) 状态机的基本描述方式

逻辑设计中，状态机的基本描述方式有 3 种，即状态转移图、状态转移列表和 HDL 语言描述。

(1) 状态转移图。状态转移图是状态机描述的最自然的方式。状态转移图常在设计规划阶段定义逻辑功能时使用，也可以在分析代码中的状态机时使用，其图形化的方式非常有助于理解设计意图。

(2) 状态转移列表。状态转移列表是用列表的方式描述状态机，是数字逻辑电路中常用的描述方法之一，经常用于对状态进行化简。对于可编程逻辑设计，由于可用逻辑资源比较丰富，而且状态编码要考虑设计的稳定性、安全性等因素，所以并不经常使用状态转移列表优化状态。

(3) HDL 语言描述。使用 HDL 语言描述状态机是本章讨论的重点，使用 HDL 语言描述状态机既有章可循，又有一定的灵活性。通过一些规范的描述方法，可以使 HDL 语言描述的状态机更安全、稳定、高效且易于维护。在 Verilog HDL 中可以用许多种方法来描述有限状态机，最常用的方法是用 always 块和 case 语句。

2) 状态机的基本要素及分类

状态机的基本要素有三个，即状态、输出和输入。

(1) 状态。状态也叫状态变量。在逻辑设计中，使用状态划分逻辑顺序和时序规律。比如，在设计空调控制电路时，可以以环境温度的不同作为状态。

(2) 输出。输出指在某一个状态时发生的特定事件。如设计空调控制电路中，如果环境温度高于设定温度环境限值，则控制电机正转进行降温处理；如果环境温度低于设定温度环境限值，则控制电机反转进行升温处理。

(3) 输入。输入指状态机中进入每个状态的条件。有的状态机没有输入条件，其中的状态转移较为简单；有的状态机有输入条件，当某个输入条件存在时才能转移到相应的状态。

根据状态机的输出是否与输入条件相关，可将状态机分为两大类：Mealy 型状态机和 Moore 型状态机。Mealy 型状态机的输出是状态向量和输入的函数，其结构如图 1-47(a)所示，也就是说，Mealy 型状态机的输出不仅依赖于当前状态，而且取决于该状态的输入条件。Moore 状态机的输出仅是状态向量的函数，结构如图 1-47(b)所示，也就是说，Moore 状态机的输出仅仅依赖于当前状态，而与输入条件无关。

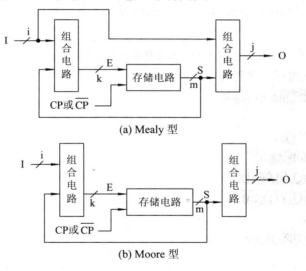

图 1-47　状态机的分类

状态机可以按是否受一个公共的时钟控制(钟控)分为同步状态机和异步状态机，如果具有钟控则为同步状态机，反之为异步状态机。根据状态机的数量是否为有限个，可将状态机分为有限状态机(Finite State Machine，FSM)和无限状态机(Infinite State Machine，ISM)。

3) 异步状态机和同步状态机

异步状态机是没有确定时钟的状态机，它的状态转移不是由唯一的时钟跳变沿所触发。目前多数综合器不能很好地综合采用 Verilog HDL 描述的异步状态机。如果一定要设计异步状态机，建议采用原理图输入或实例引用的方法，而不要用 Verilog HDL 输入的方法。

为了能综合出有效的电路，用 Verilog HDL 描述的状态机应明确地由唯一时钟触发，这种状态机称为同步状态机。同步有限状态机是设计复杂时序逻辑电路最有效、最常用的方法之一。

【例 1-7】　使用异步状态机设计一个七进制减法计数器。

解题思路：首先绘出七进制减法计数器的时序图，如图 1-48 所示。可以看出，七进制减法计数器可由 3 个触发器实现。3 个触发器的输出共有 8 种组合，即 8 个状态。

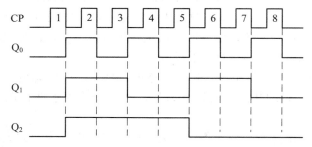

图 1-48　七进制减法计数器

若选择 T 触发器来实现，则很容易得出图 1-49 的实现电路。

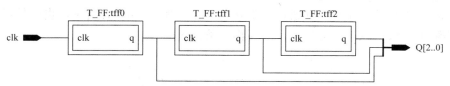

图 1-49　七进制减法计数器框图

与图 1-49 对应的程序代码如下：

```
module cnt7_asm(clk,Q);
input clk;
output[2:0] Q;
T_FF tff0(clk,Q[0]);
T_FF tff1(Q[0],Q[1]);
T_FF tff2(Q[1],Q[2]);
endmodule
module T_FF(clk,q);
input clk;
output reg q;
always @(posedge clk)
    q=~q;
endmodule
```

其仿真结果如图 1-50 所示。

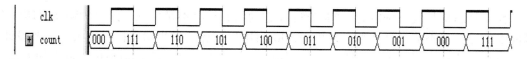

图 1-50　例 1-7 的仿真结果

与例 1-7 对应的使用同步状态机设计的七进制减法计数器见例 1-8。

【例 1-8】　使用同步有限状态机设计一个七进制减法计数器。

程序代码如下：

```
module cnt7_fsm(clk,Q);
input clk;
output[2:0] Q;
reg[2:0] state;
always @(posedge clk)
  begin:FSM
    parameter s0=3'd0,s1=3'd1,s2=3'd2,s3=3'd3,
              s4=3'd4,s5=3'd5,s6=3'd6,s7=3'd7;
    case(state)
      s0:state<=s1;
      s1:state<=s2;
      s2:state<=s3;
      s3:state<=s4;
      s4:state<=s5;
      s5:state<=s6;
      s6:state<=s7;
      s7:state<=s0;
      default: state<=s0;
    endcase
  end
assign Q=state;
endmodule
```

该段代码的仿真结果同例 1-7。

异步状态机实现的功能通常都可以由同步状态机来实现，而同步状态机有着异步状态机无法比拟的优良的性能，因此建议读者在设计时尽量采用同步有限状态机，除非必须采用异步状态机的场合。

本书只讨论同步有限状态机，它在数字系统中的应用很广，例如，它可以作为计算单元与处理中的数据通路控制器。同步有限状态机的特点是具有有限个状态，并且状态的转换是由时钟驱动的(钟控)。

4) 单进程、双进程和多进程状态机

状态机描述时关键是要描述清楚前面提到的几个状态机的要素，即如何进行状态转移，每个状态的输出是什么，状态转移是否和输入条件相关，等等。一个有限状态机总是可以被分成次态译码、状态寄存器、输出译码三个模块，有 5 种不同的方式可以将这些模块分配到进程语句，以实现对状态机的描述。

(1) 三个模块用一个进程实现，也就是说三个模块均在一个 always 块内，这种状态机描述称为单进程有限状态机。在单进程状态机中，既描述状态转移，又描述状态的寄存和输出。

(2) 每一个模块分别用一个进程实现，也就是说三个模块对应着三个 always 块，这种状态机描述称为三进程有限状态机。在三进程有限状态机中，一个 always 块采用同步时序描述状态转移，另一个块采用组合逻辑判断状态转移条件，描述状态转移规律，第三个 always 块使用同步时序电路描述每个状态的输出。

(3) 次态译码、输出译码分配在一个进程中，状态寄存器用另一个进程描述。

(4) 次态译码、状态寄存器分配在一个进程中，输出译码用另一个进程描述。

(5) 次态译码用一个进程描述，状态寄存器、输出译码分配在另一个进程中。

在后三种状态机描述中，三个模块对应着两个 always 块，这种状态机描述称为双进程有限状态机。

上面 5 种方法中，推荐使用第(2)种，不推荐采用第(1)种。其原因是：FSM 和其他设计一样，最好使用同步时序方式设计，以提高设计的稳定性，消除毛刺。状态机实现后，一般来说，状态转移部分是同步时序电路，而状态的转移条件的判断是组合逻辑。第(2)种方法将同步时序和组合逻辑分别放到不同的 always 程序块中实现，这样做的好处不仅仅是便于阅读、理解、维护，更重要的是利于综合器优化代码，利于用户添加合适的时序约束条件，利于布局布线器实现设计。第(1)种方法不利于时序约束、功能更改、调试等，而且不能很好地表示 Mealy 型 FSM 的输出，容易写错锁存器，导致逻辑功能错误。方法(3)、(4)、(5)介于上述两种方法之间。

在方法(2)中，在描述当前状态的输出时，很多设计者习惯将当前状态的输出用组合逻辑实现，但是这种组合逻辑仍然有产生毛刺的可能性，而且不利于约束，不利于综合器和布局布线器实现高性能的设计。因此如果设计允许额外的一个时钟节拍的插入(latency)，则要求尽量对状态机的输出用寄存器寄存一拍。但是很多实际情况不允许插入一个寄存节拍，此时则需要根据状态转移规律，在上一状态根据输入条件判断出当前状态的输出，从而在不插入额外时钟节拍的前提下，实现寄存器输出。

下面通过一个例子来说明如何使用第(2)种方法描述状态机。

【例 1-9】 状态机设计——状态和输出使用单独进程。

程序代码如下：

```verilog
module fsm_1(clk,A,Y);
input clk,A;
output reg Y;
reg[2:0] current_state,next_state;
parameter s0=3'b001,
          s1=3'b010,
          s2=3'b100;
always @(posedge clk)        //状态寄存器
    current_state<=next_state;
always @ (current_state,A)        //产生下一个状态的组合逻辑
    case(current_state)
```

```
        s0: if(A) next_state<=s1;
            else    next_state<=s0;
        s1: if(A) next_state<=s2;
            else    next_state<=s0;
        s2: if(A) next_state<=s2;
            else    next_state<=s0;
        default: next_state<=s0;
    endcase
always @ (posedge clk)        //产生输出的时序逻辑
    case(current_state)
    s0: Y<=0;
    s1: Y<=0;
    s2: if(A) Y<=0;
        else    Y<=1;
    default:    Y<=0;
    endcase
endmodule
```

程序说明：

(1) 本例使用了三个 always 块，第一个 always 块是状态寄存器，第二个 always 块是产生下一个状态的组合逻辑，第三个 always 块是产生输出的时序逻辑，即将下一个状态和输出分别设计成单独的进程。

(2) 这种风格的描述比较适合大型的状态机，查错和修改比较容易。

2. 状态机的编码方法

在状态机的设计中，状态机的编码方式有多种，这要根据实际情况来确定。下面讨论状态机的几种常用编码方式。

1) 顺序编码

顺序编码方式最为简单，且使用的触发器数量最少，剩余的非法状态最少，容错技术也最为简单。如包含三个状态的状态机，只需要两个触发器。表 1-1 列出了各种编码方式的比较，其中有顺序编码的例子。

表 1-1　各种编码方式的比较

状态	顺序编码	独热编码	直接输出型编码 1	直接输出型编码 2
s0	00	0001	000	0001
s1	01	0010	001	0010
s2	10	0100	010	0100
s3	11	1000	100	1100

例 1-8 是采用顺序编码描述状态机的例子。需要说明的是，顺序编码方式尽管节省了触发器，却增加了从一种状态向另一种状态转换的译码组合逻辑，这对于 FPGA 来说并不

是最好的编码方式，因为 FPGA 的触发器资源丰富，而组合逻辑的资源相对较少。

2) 独热编码

独热编码(One-Hot Encoding)方式，就是用 n 个触发器来实现具有 n 个状态的状态机。状态机中的每一个状态都由其中一个触发器的状态表示，即当处于该状态时，对应的触发器为"1"，其余的触发器为"0"。对于具有 4 个状态的状态机，其独热编码见表 1-1。

下例描述的状态机中采用了独热码来表示状态。

【例 1-10】 状态机设计——用独热码表示状态。

程序代码如下：

```verilog
module fsm_2(clk,A,Y);
input clk,A;
output reg Y;
reg[2:0] state;
parameter s0=3'b001,
          s1=3'b010,
          s2=3'b100;
always @ (posedge clk)
    case(state)
    s0: begin
          if(A) state<=s1;
          else    state<=s0;
          Y<=0;
        end
    s1: begin
          if(A) state<=s2;
          else    state<=s0;
          Y<=0;
        end
    s2: begin
          if(A) begin
                state<=s2;
                Y<=0;
               end
          else    begin
                state<=s0;
                Y<=1;
               end
        end
    default: state<=s0;
```

```
        endcase
endmodule
```

需要说明的是，独热编码尽管用了较多的触发器，但其简单的编码方式大大简化了状态译码逻辑，提高了状态转换速度，这对于含有较多时序逻辑资源、相对较少组合逻辑资源的 FPGA 器件是好的解决方案。

3) 直接输出型编码

将状态码中的某些位直接输出作为控制信号，要求状态机各状态的编码作特殊的选择，以适应控制信号的要求，这种状态机称为状态码直接输出型状态机。此时需要根据输出变量来定制编码，表 1-1 中列出了两种可用的直接输出型编码。

例 1-11 是状态码直接输出型状态机的例子，状态编码使用了表 1-1 中的直接输出型编码 2。当然直接输出型编码 1 也适用于例 1-11，相对而言，直接输出型编码 1 的冗余状态较少，优于直接输出型编码 2。

【例 1-11】　状态机设计——状态编码包含输出信息。

程序代码如下：

```
module fsm_3(clk,A,Y);
input clk,A;
output Y;
reg[3:0] state;
parameter s0=4'b0001,
          s1=4'b0010,
          s2=4'b0100,
          s3=4'b1100;
assign Y=state[3];
always @ (posedge clk)
    case(state)
    s0: if(A) state<=s1;
        else    state<=s0;
    s1: if(A) state<=s2;
        else    state<=s0;
    s2: if(A) state<=s2;
        else    state<=s3;
    s3: if(A) state<=s1;
        else    state<=s0;
    default: state<=s0;
    endcase
endmodule
```

程序说明：

(1) 本例状态机由 4 个状态组成，各状态的编码分别为 0001、0010、0100、1000。各状态的第 4 位编码值赋予了实际的控制功能，即 $Y=$ state[3]，将 state[3]用作了输出。

(2) 本例将 Mealy 型状态机变成了 Moore 型状态机。事实上，两种状态机之间只要做一些改变，便可以从一种形式转变为另一种形式。将 Mealy 型状态机变成 Moore 型状态机只需将输出与输入做某种关联，而将 Mealy 型状态机变成 Moore 状态机只需遵照本例的方法即可实现。

(3) 本例将输出直接指定为状态码中的某位或某几位，这样就把状态码与输出联系了起来。把状态的变化直接用作输出，这样可以提高输出信号的开关速度并节省电路器件。但这种方法也有缺点，即输出的维持时间必须与状态的维持时间一致。

需要说明的是，直接输出型编码的输出速度快，没有毛刺现象，但是程序可读性稍差，因此通常情况下，同其他以相同触发器数量构成的状态机相比较而言，多用于状态译码的组合逻辑。

4) 非法状态的处理

在状态机的设计中，使用各种编码，尤其是独热编码后，通常会不可避免地出现大量的剩余状态，即未定义的编码组合，这些状态在状态机的运行中是不需要出现的，通常称为非法状态。例如，例 1-10 中使用独热编码，用到 3 位，这样除了 3 个有效状态(s0、s1、s2)外，还有 5 个非法状态，如表 1-2 所示。

表 1-2　非 法 状 态

状　态	s0	s1	s2	N1	N2	N3	N4	N5
独热编码	001	010	100	011	101	110	111	000

在状态机的设计中，如果没有对这些非法状态进行合理的处理，在外界不确定的干扰下，或是随机上电的初始启动后，状态机都有可能进入不可预测的非法状态，其后果是有可能完全无法进入正常状态。因此，非法状态的处理，是设计者必须考虑的问题之一。

处理非法状态的方法有两种。

(1) 在语句中对每一个非法状态都作出明确的状态转换指示，如在原来的 case 语句中增加诸如以下语句：

```
case(state)
N1: state<=s0;
N2: state<=s0;
…
```

(2) 如例 1-10 和例 1-11 中那样，利用 default 语句对未提到的状态作统一处理：

```
case(state)
  s0: if(A) state<=s1;
      else    state<=s0;
    …
  default: state<=s0;
endcase
```

由于剩余状态的次态不一定都指向状态 s0，所以可以使用方法(1)来分别处理每一个剩余状态的转向。

1.5　小　　结

本章主要讨论了以下知识点：

(1) 介绍了本书所用的实训平台，并重点介绍了按键、LED、数码管、LCD、UART 等实训接口的电路连接图和与 FPGA 引脚的对应图。

(2) 介绍了基于 Quartus II 的数字设计流程，包括设计输入编辑、分析与综合、适配以及编程下载等几个步骤。

(3) 分频器是十分有用的电路，本章通过实例介绍了 2 的 N 次幂分频、偶数分频、奇数分频、小数分频等，并在"程序说明"中阐释了分频的原理。

(4) 有限状态机及其设计技术是实用数字系统设计中的重要组成部分，是实现高效率高可靠性逻辑控制的重要途径。状态机就其本质而言，就是对具有逻辑顺序或时序规律事件的一种描述方法，"逻辑顺序"和"时序规律"就是状态机所要描述的核心和强项，换言之，所有具有逻辑顺序和时序规律的数字系统都适合用状态机描述。

(5) 状态机可以采用多种形式实现，包括单进程、双进程、多进程。多进程状态机将次态译码、状态寄存器、输出译码等模块分别放到不同的 always 程序块中实现，这样做的好处不仅仅是便于阅读、理解、维护，更重要的是利于综合器优化代码，利于用户添加合适的时序约束条件，利于布局布线器实现设计。

(6) 编码方法有很多，包括顺序编码、独热编码、直接输出型编码等，每种方法各有其优缺点。在实际设计时，须综合考虑电路复杂度与电路性能之间的折中。在触发器资源丰富的 FPGA 设计中，采用独热编码既可以使电路性能得到保证又可充分利用其触发器数量多的优势。采取直接输出型编码可以简化电路结构，提高状态机的运行速度。

接口类实训项目

本章重点介绍了按键、LED、数码管、LCD、UART 等接口的应用程序开发，为后续章节实训项目的开发提供了支撑。

2.1 LED 流水灯

1. 设计要求

4 个 LED 灯连成一排，要求实现几种灯的组合显示，具体要求如下。

(1) 模式 1：先奇数灯即第 1、3 灯亮 0.25 s，然后偶数灯即第 2、4 灯亮 0.25 s，依次类推。

(2) 模式 2：按照 1、2、3、4 的顺序依次点亮所有灯，间隔 0.25 s，然后按 1、2、3、4 的顺序依次熄灭所有灯，间隔 0.25 s。

(3) 模式 3：4 个 LED 灯同时亮，然后同时灭，间隔 0.25 s。

(4) 以上模式可以选择。

2. 设计说明

LED 灯与 FPGA 的连接如图 2-1 所示，设计要求很容易实现。本节使用状态机来设计流水灯，并且将设计要求中提到的三种模式放在一个状态机中。模式 1 中有两种状态，模式 2 中有 8 种状态，模式三中有两种状态，所以 3 种模式共有 12 种状态。

设计题目中要求 LED 灯每 0.25 s 变换一种显示状态，系统时钟源频率为 50 MHz，所以首先进行 50 MHz/4 Hz=12.5 M 次分频，得到 4 Hz 的频率，然后用此频率控制状态机的状态转换。

本节设计的例子将三种模式依次展示出来，不需要选择模式。实际应用中，我们可以使用两个按键进行模式选择，两个键有 00、01、10、11 四种组合，使用其中的三种组合，分别对应设计要求的三种情况。关

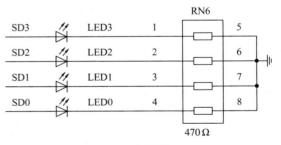

LED 对应引脚

器件名	网络名	FPGA 映射引脚
LED0	LED0	87
LED1	LED1	88
LED2	LED2	89
LED3	LED3	90

图 2-1　LED 电路连接图和引脚对应图

于按键的学习见本章的第 3 节，因此使用按键来控制选择模式的练习由读者完成。

3. 设计模块

该设计比较简单，可使用 2 个模块实现，如图 2-2 所示。模块 U1 用于实现分频，输入 clk 为 50 MHz，输出 clk_4Hz 为 4 Hz；模块 U2 用于实现流水灯的控制，输出 led[3:0]用于控制 4 个 LED 灯。

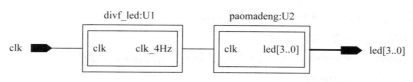

图 2-2　流水灯模块端口框图

4. 代码分析

根据图 2-2 的模块说明，可以很容易地得出例 2-1 所示的源码。

【例 2-1】　流水灯设计源码。

程序代码如下：

```
//流水灯顶层模块,调用了两个模块
module paomadeng_top(input clk,output[3:0] led);
  wire clk_4Hz;
  divf_led U1(clk,clk_4Hz);
  paomadeng U2(clk_4Hz,led);
endmodule
//流水灯分频电路，产生 4Hz 的频率
module divf_led(input clk,output reg clk_4Hz);
  integer p;
  always @(posedge clk)
    begin
      if(p==25000000/4-1) begin p=0; clk_4Hz=~clk_4Hz; end
      else p=p+1;
  end
endmodule
//流水灯控制程序,用于控制 LED 灯的闪烁
module paomadeng(input clk,output reg[3:0]led);
reg[10:0] current_state,next_state;
parameter s0=11'b00000000000,   //12 种状态对应 12 种灯的显示方式
      s1=11'b00000000001,
      s2=11'b00000000010,
      s3=11'b00000000100,
      s4=11'b00000001000,
      s5=11'b00000010000,
```

```
         s6=11'b00000100000,
         s7=11'b00001000000,
         s8=11'b00010000000,
         s9=11'b00100000000,
         s10=11'b01000000000,
         s11=11'b10000000000;
always @(posedge clk)     //状态寄存器
  current_state<=next_state;
  always @ (current_state)      //产生下一个状态的组合逻辑
  case(current_state)
  s0: next_state<=s1;
  s1: next_state<=s2;
  s2: next_state<=s3;
  s3: next_state<=s4;
  s4: next_state<=s5;
  s5: next_state<=s6;
  s6: next_state<=s7;
  s7: next_state<=s8;
  s8: next_state<=s9;
  s9: next_state<=s10;
  s10: next_state<=s11;
  s11: next_state<=s0;
  default: next_state<=s0;
  endcase
always @ (posedge clk)      //产生输出的时序逻辑
  case(current_state)
  s0: led<=4'b0101;
  s1: led<=4'b1010;
  s2: led<=4'b0001;
  s3: led<=4'b0011;
  s4: led<=4'b0111;
  s5: led<=4'b1111;
  s6: led<=4'b1110;
  s7: led<=4'b1100;
  s8: led<=4'b1000;
  s9: led<=4'b0000;
  s10: led<=4'b1111;
  s11: led<=4'b0000;
  default:   led<=4'b0000;
```

```
        endcase
        endmodule
```

程序说明:

(1) 模块 paomadeng_top 调用了 2 个模块,模块 divf_led 用于分频,对 50 MHz 进行 12 500 000 次分频得到 4 Hz 的频率,实现方法参见第 1 章。模块 paomadeng 用于实现 LED 灯的闪烁控制。

(2) 在模块 paomadeng 中,使用含 12 种状态的状态机来实现设计要求中提到的三种模式的 12 种状态。

(3) 模块 paomadeng 中使用了三进程状态机,使用的 3 个 always 块中,第 1 个 always 块是状态寄存器,第 2 个 always 块是产生下一个状态的组合逻辑,第 3 个 always 块是产生输出的时序逻辑。

(4) 状态编码使用独热编码。

本程序以及本书后续程序中均含有大量的注释,这些注释对读者理解设计思想和方法非常有帮助,希望读者在阅读程序时给予关注,后续章节对此不再说明。

5. 仿真分析

流水灯的仿真波形如图 2-3 所示。该仿真波形顺序显示了模式 1、模式 2 和模式 3,并且循环显示。从图中可以看出,灯的运行与三种模式一致,说明了程序代码的正确。

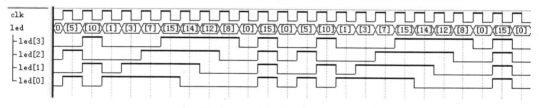

图 2-3　流水灯的仿真波形

6. 硬件验证

引脚锁定情况如图 2-4 所示。将设计下载到实验板中,观察流水灯的实际运行情况。

	Node Name	Direction	Location
	clk	Input	PIN_23
	led[3]	Output	PIN_90
	led[2]	Output	PIN_89
	led[1]	Output	PIN_88
	led[0]	Output	PIN_87

图 2-4　引脚锁定情况

结果表明,LED 灯按照三种模式共 12 种状态依次显示,并且每种状态持续约 0.25 s。

7. 扩展部分

请读者思考并实现以下扩展功能:

(1) 将每种灯的显示状态之间的延时修改为 1 s,然后观察灯的运行情况。

(2) 请思考其他 LED 灯的显示方式并实现之。例如，先循环左移，再循环右移(任一时刻只有一个 LED 灯亮)，然后从两头至中间(任一时刻只有两个 LED 灯亮)，之后不断重复以上行为。

2.2　数码管显示控制

1. 设计要求

2 个数码管连在一起，可以其中一个或同时 2 个任意显示，具体要求如下：

(1) 依次选通 2 个数码管，并让每个数码管显示相应的值，比如，第 1 个数码管显示 1，第 2 个数码管显示 2，并循环显示，间隔为 1 s。

(2) 要求 2 个数码管同时显示 12。

2. 设计说明

下面对实验原理作简单介绍。

数码管分共阴极和共阳极两类。8 段共阴极数码管如图 2-5 所示。当数码管的输入为"01101101"时，则数码管的 8 个段 dp、g、f、e、d、c、b、a 分别接 0、1、1、0、1、1、0、1；由于接有高电平的段发亮，所以数码管显示"5"。

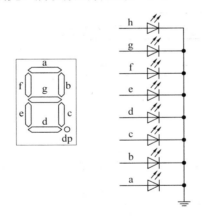

图 2-5　8 段共阴极数码管及其电路

图 2-6 所示的是 2 位数码管扫描显示电路，其中每个数码管的 8 个段 dp、g、f、e、d、c、b、a(dp 是小数点)都分别连在一起，2 个数码管分别由 2 个选通信号 K1 和 K2 来选择。被选通的数码管显示数据，另一只数码管关闭，如在某一时刻，K1 为高电平，K2 为低电平，这时仅 K1 对应的数码管显示来自段信号端的数据，而另一个数码管则不显示。因此，如果希望在 2 个数码管显示不同的数据，就必须使得 2 个选通信号 K1 和 K2 轮流被单独选通，同时，在段信号输入口加上希望在对

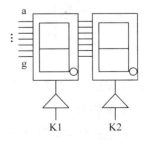

图 2-6　2 位数码管扫描显示电路

应数码管上显示的数据，于是随着选通信号的变化，就能实现扫描显示的目的。

设计题目中要求数码管以 1s 的周期交替显示，系统时钟源频率为 50 MHz，所以首先要进行 50 MHz/1 Hz = 50 M 次分频，得到 1 Hz 的频率，然后用此频率控制状态机的状态转换。

本节使用状态机来实现数码管的扫描显示，因为仅有 2 个数码管，所以使用含 2 个状态的状态机就可以满足题目要求。

3. 设计模块

本设计可以使用 3 个模块实现，如图 2-7 所示。其中，U1 模块为分频器，得到 1 Hz 和 1 kHz 的频率，当两个数码管交替显示时，使用 1 Hz 的频率，若两个数码管同时显示某个稳定的数值，则使用 1 kHz 的频率；U2 模块产生位控码和段控数据，位控码用于扫描数码管，段控数据用于 U3 模块；U3 模块根据段控数据得到段控码，对于 0～F 的任意数值，均可以通过该模块驱动数码管显示相应数值。

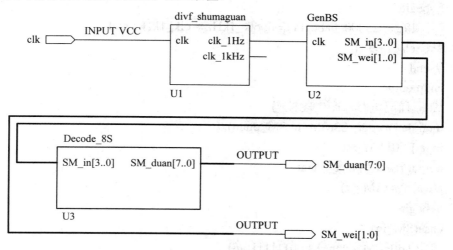

图 2-7　数码管模块端口框图

4. 代码分析

根据图 2-7，可以很容易地得出例 2-2 所示的代码。

【例 2-2】　数码显示译码器设计。

程序代码如下：

```
//数码管顶层模块，调用了 3 个模块
module shumaguan_top(clk,SM_duan,SM_wei);
input clk;
output[7:0] SM_duan;        //段控制信号
output[1:0] SM_wei;         //位控制信号
wire[3:0] SM_in;
wire clk_1Hz,clk_1kHz;
divf_shumaguan U1(clk,clk_1Hz,clk_1kHz);
//GenBS  U2(clk_1Hz,SM_in,SM_wei); //调用位选和待显示数据生成电路
```

```verilog
  GenBS   U2(clk_1kHz,SM_in,SM_wei); //调用位选和待显示数据生成电路
  Decode_8S U3(SM_in,SM_duan);    //调用译码电路
  endmodule
  //数码管分频电路，得到 1Hz 和 1kHz 两个频率
  module divf_shumaguan(input clk,output reg clk_1Hz,output reg clk_1kHz);
    integer p,q;
    always @(posedge clk)
      begin
         if(p==25000000-1) begin p=0; clk_1Hz=~clk_1Hz; end
          else p=p+1;
      end
  always @(posedge clk)
    begin
       if(q==25000-1) begin q=0; clk_1kHz=~clk_1kHz; end
        else q=q+1;
    end
  endmodule
  //8 段译码电路，产生段控码
  module Decode_8S(SM_in,SM_duan);
  input[3:0] SM_in;
  output reg[7:0] SM_duan;
  always @(SM_in)
    begin
  case(SM_in)
       4'd0: SM_duan=8'b00111111; //0
       4'd1: SM_duan=8'b00000110; //1
       4'd2: SM_duan=8'b01011011; //2
       4'd3: SM_duan=8'b01001111; //3
       4'd4: SM_duan=8'b01100110; //4
       4'd5: SM_duan=8'b01101101; //5
       4'd6: SM_duan=8'b01111101; //6
       4'd7: SM_duan=8'b00000111; //7
       4'd8: SM_duan=8'b01111111; //8
       4'd9: SM_duan=8'b01101111; //9
       4'd10: SM_duan=8'b01110111; //A
       4'd11: SM_duan=8'b01111100; //B
       4'd12: SM_duan=8'b00111001; //C
       4'd13: SM_duan=8'b01011110; //D
       4'd14: SM_duan=8'b01111001; //E
```

```verilog
        4'd15: SM_duan=8'b01110001; //F
        default: ;
    endcase
    end
endmodule
//产生数码管的位控码
module GenBS(clk,SM_in,SM_wei);
input clk;
output reg[3:0] SM_in;
output reg[1:0] SM_wei;
reg[1:0] current_state,next_state;
parameter s0=2'b01,s1=2'b10;
always @(posedge clk)    //状态寄存器
    current_state<=next_state;
always @(current_state)
    begin
    case(current_state)
    s0:    begin    //两个状态分别对应两个数码管
            SM_wei<=2'b10;
            SM_in<=1;
            next_state<=s1;
        end
    s1:    begin
            SM_wei<=2'b01;
            SM_in<=2;
            next_state<=s0;
        end
    default: next_state<=s0;
    endcase
    end
endmodule
```

程序说明：

(1) 模块 shumaguan_top 调用了 3 个模块，模块 divf_shumaguan 用于分频，模块 GenBS 用于产生位控码和段控数据，Decode_8S 根据段控数据得到段控码，并控制数码管将该数据显示出来。

(2) 模块 GenBS 使用状态机来设计数码管的显示，该状态机使用了 2 个状态，每个状态对应着驱动一个数码管，即产生相应的位控码和段控数据。这一方法可以很容易地拓展到多个数码管。如果我们想使用 8 个数码管，此时可以使用含 8 个状态的状态机来控制数码管的显示。

(3) 顶层模块 shumaguan_top 中，调用了 GenBS U2(clk_1kHz,SM_in,SM_B);语句，此时，使用 1 kHz 的频率来扫描两个数码管，两个数码管同时且稳定地显示 12；若将此句替换成 GenBS U2(clk_1Hz,SM_in,SM_B);语句，则使用 1 Hz 的频率来扫描两个数码管，在两个数码管中交替显示 1 和 2，交替周期为 1 s，并且循环不止。可以看出，输入到这个模块的频率不同，数码管则会有不同的显示效果。

(4) 本例使用的是动态扫描法，扫描的频率为 1 kHz 时，就可以利用视觉暂留效应让多个数码管共同显示某一较大的数值。大家也可以根据视觉暂留效应的相关理论，通过实验来确定动态扫描法的最低扫描频率。

5. 仿真分析

GenBS 模块的仿真波形如图 2-8 所示。从图中可以看出，在某个时钟上升沿，选中数码管 1，并将数字 1 送该数码管显示；在下一个时钟上升沿，选中数码管 2，并将数字 2 送该数码管显示。

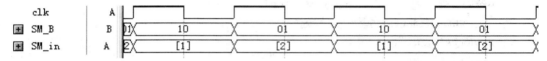

图 2-8　GenBS 模块的仿真波形

6. 硬件验证

引脚锁定情况如图 2-9 所示。

SM_duan[7]	Output	PIN_106
SM_duan[6]	Output	PIN_105
SM_duan[5]	Output	PIN_104
SM_duan[4]	Output	PIN_103
SM_duan[3]	Output	PIN_102
SM_duan[2]	Output	PIN_101
SM_duan[1]	Output	PIN_99
SM_duan[0]	Output	PIN_97
SM_wei[1]	Output	PIN_151
SM_wei[0]	Output	PIN_107
clk	Input	PIN_23

图 2-9　引脚锁定情况

结果表明，对于本小节的设计要求(1)和设计要求(2)，其实现原理相同，不同的只是扫描两个数码管的时间间隔，当时间间隔较大时(本例为 1 Hz)实现设计要求(1)，当间隔较小时(本例为 1 kHz)实现设计要求(2)。

7. 扩展部分

请读者思考并实现以下扩展功能：

(1) 本设计使用 1 kHz 的频率，依次点亮 2 个数码管，得到的是 2 个数码管同时显示的效果；如果使用 100 Hz 的频率，依次点亮 2 个数码管，会不会得到同时显示的效果？请通过试验观察，要得到稳定的同时显示的效果，最低扫描 2 个数码管的频率应该是多少？

(2) 2 个数码管同时显示，且 8 个段依次显示，即 a、b、c、d、e、f、g、dp 依次显示，每个段持续显示的时间为 0.25 s。

(3) 8 个段和 2 个数码管依次显示，a、b、c、d、e、f、g、dp 依次显示在 2 个数码管上，显示的持续时间为 0.25 s。

(4) 将 0~F 这 16 个十六进制数依次显示在数码管上，每个时刻只有一个数码管显示，持续时间为 0.25 s：0 显示在第 1 个数码管上、1 显示在第 2 个数码管上、……、7 显示在第 2 个数码管上、8 显示在第 1 个数码管上、……、F 显示在第 2 个数码管上。

2.3　按键处理

1. 设计要求

4 个按键从左至右依次编号为 1、2、3、4，要求完成几种按键的功能，具体要求如下：

(1) 功能 1：要求在按下按键并松开后，能够在一个数码管上显示相应按键的编号。

(2) 功能 2：由按键 1 和按键 2 组合实现 A 和 B 两种功能。初始状态为 A 功能，使用第 1 个数码管显示 A，此时按下按键 2，可实现加 1 计数，并将计数结果显示在第 2 个数码管上；再次按下按键 1 实现 B 功能，使用第一个数码管显示 B，此时再按下按键 2 时则实现减 1 计数，并将结果显示在第 2 个数码管上。再次按下按键 1，则再次实现 A 功能，依此类推。

2. 设计说明

按键与 FPGA 的连接如图 2-10 所示。功能 1 很容易实现，下面重点介绍功能 2 的实现方法。

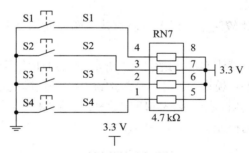

板上按键对应引脚

器件名	网络名	FPGA 映射引脚
S1	S1	60
S2	S2	61
S3	S3	63
S4	S4	64

图 2-10　按键电路连接图和引脚对应图

从设计要求中可以看出，存在两种状态：初始为一种状态，记为状态 A，按下按键 1 为第二种状态，记为状态 B；当再次按下按键 1 时，则又回复到状态 A，依此类推。当为状态 A 时，按下按键 2 则进行加 1 计数；当为状态 B 时，按下按键 2 则进行减 1 计数。然后分别用两个数码管来显示两个按键的信息，此时可使用一个含有两个状态的状态机来进行数码管的扫描显示。

为了保证按键每闭合一次，FPGA 仅作一次处理，必须去除按键按下时和释放时的抖动。开发板使用的按键是触点式的，如图 2-11 所示。图中，当开关未被按下时，FPGA 相应的引脚输入为高电平，开关闭合后，输入为低电平。由于按键是机械触点，当机械触点断开、闭合时会有抖动，FPGA 输入端的波形如图 2-12 所示。

　　图 2-11　机械触点按键　　　　　　　　　　　　图 2-12　抖动

图 2-12 中的这种抖动对于人来说是感觉不到的，但对处理器来说，由于处理器的处理速度是微秒级的，而机械抖动的时间至少是毫秒级的，因此这种抖动是一个"漫长"的时间。

为使 FPGA 能正确地读出按键的状态，对每一次按键只作一次响应，就必须考虑如何去除抖动，常用的去抖动的方法有两种：硬件方法和软件方法。FPGA 设计中，常用软件法去抖，因此对于硬件方法我们在此不作介绍。软件法其实很简单，就是在 FPGA 获得键值为 0 的信息后，不是立即认定按键已被按下，而是延时 10 毫秒或更长一些时间后再次检测按键，如果仍为低，说明按键的确按下了，这实际上是避开了按键按下时的抖动时间。而在检测到按键释放后再延时约 10 个毫秒，消除后沿的抖动，然后再对键值进行处理。当然，实际应用中对按键的要求是千差万别的，要根据不同的需要来编制处理程序。

3. 设计模块

功能 1 的设计实现比较简单，读者可以直接参阅后面例 2-3 所示代码，并参看代码中的注释。

功能 2 可以使用 4 个模块实现，如图 2-13 所示。模块 U1 实现分频，输入 clk 为 50 MHz，输出 clk_100Hz 为 100 Hz；模块 U2 用于检测按键并根据按键代表的功能得到相应的信息；模块 U3 则将获取的信息转换成位控码和段控数据；模块 U4 用于将段控数据转换成段控码，于是段控码和位控码共同控制数码管的显示输出。

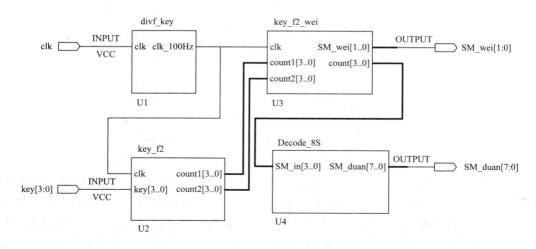

图 2-13　按键模块端口框图

4. 代码分析

【例2-3】　功能 1 的设计源码。

程序代码如下：

```
module key_f1(clk,key,SM_duan,SM_wei);
input clk;                //系统时钟 50MHz 输入
input [3:0] key;              //key1、key2、key3、key4 为输入的键码的值
output reg[1:0] SM_wei;    //数码管的位选
output reg[7:0] SM_duan;    //数码管的段码 ABCDEFGH
wire [3:0] key;
reg [3:0] key_temp;    //设置了一个寄存器
always @ (posedge clk )
   begin
     key_temp<=key;          //把键码的值赋给寄存器
     SM_wei<=2'b01;    //位选信号
     case ( key_temp )
          4'b1110:SM_duan<=8'b00000110;       //KEY1 按下显示 1
          4'b1101:SM_duan<=8'b01011011;       //KEY2 按下显示 2
          4'b1011:SM_duan<=8'b01001111;       //KEY3 按下显示 3
          4'b0111:SM_duan<=8'b01100110;       //KEY4 按下显示 4
          default: ;
     endcase
end
endmodule
```

程序说明：

(1) 本程序没有处理按键抖动，按键抖动有可能会造成按键响应不准确。

(2) 对于数码管的初始显示值，本程序没有作任何说明，所以将程序下载到开发板后数码管可能显示乱码。当按下按键后，则会按要求显示。

根据图 2-13，可以很容易地得出例 2-4 所示的代码。

【例2-4】　功能 2 的设计源码。

程序代码如下：

```
//按键顶层模块，调用了 4 个模块
module key_f2_top(clk,key,SM_duan,SM_wei);
input clk;                //系统时钟 50MHz 输入
input [3:0] key;              //key1、key2、key3、key4 为输入的键码的值
output[1:0] SM_wei;    //数码管的位选
output[7:0] SM_duan;    //数码管的段码 ABCDEFGH
wire clk_100Hz;
wire[3:0] count1,count2,count;
```

```
wire[3:0] key_temp;
divf_key U1(clk,clk_100Hz);
key_f2 U2(clk_100Hz,key,count1,count2);
key_f2_wei U3(clk_100Hz,count1,count2,SM_wei,count);
Decode_8S U4(count,SM_duan);
endmodule
//产生 100Hz 频率的信号，该信号用于数码管的扫描以及按键处理
module divf_key(input clk,output reg clk_100Hz);
   integer q;
   always @(posedge clk)
     begin
       if(q==250000-1) begin q=0; clk_100Hz=~clk_100Hz; end   //100Hz
       else q=q+1;
     end
endmodule
//检测按键，并根据按键的功能产生相应的数据
module key_f2(clk,key,count1,count2);
input clk;
input[3:0] key;
output reg[3:0] count1,count2;
reg [3:0] key_temp0,key_temp;   //设置了 2 个键值寄存器
parameter s0=3'b001,s1=3'b010,s2=3'b100;
reg[2:0] current_state,next_state;
//下面的 always 块用于检测按键，含去抖处理(寄存)
always @(posedge clk)
  begin
    key_temp<=key_temp0; key_temp0<=key; //间隔 10ms,去抖
  end
//以下三个 always 块根据按键状态生成相关信息
always @(posedge clk)        //状态寄存器
  begin
  current_state<=next_state;
  end
always @ (current_state)      //产生下一个状态的组合逻辑
    case(current_state)
    s0: next_state<=s1;
    s1: if((key_temp[0]==0)&(key_temp==key_temp0)&(key_temp0!=key))
        next_state<=s2;                    //function A，按键 1 切换功能
      else next_state<=s1;
```

```
      s2: if((key_temp[0]==0)&(key_temp==key_temp0)&(key_temp0!=key))
          next_state<=s1;                        //function B, 按键 1 切换功能
          else next_state<=s2;
      default: next_state<=s0;
   endcase
always @ (posedge clk)    //产生输出的时序逻辑
    case(current_state)
    s0: begin count1<=0;count2<=0; end    //赋初值
    s1: begin
      if((key_temp[1]==0)&(key_temp==key_temp0)&(key_temp0!=key))
          count2<=count2+1'b1;                //按键 2 加 1
          count1<=10;
       end
    s2: begin
      if((key_temp[1]==0)&(key_temp==key_temp0)&(key_temp0!=key))
          count2<=count2-1'b1;                //按键 2 减 1
          count1<=11;
       end
    default: begin count1<=0;count2<=0;   end
   endcase
endmodule
//将上述得到的信息转换成需要在数码管中显示的数据，以及产生相应的位码
module key_f2_wei(clk,count1,count2,SM_wei,count);
input clk;
input[3:0] count1,count2;
output reg[1:0] SM_wei;    //数码管的位选
output reg[3:0] count;        //数码管的段控数据
parameter s0=2'b01,s1=2'b10;
reg[1:0] cur_state,nex_state;
//以下三个 always 块用于将信息显示在两个数码管上
always @(posedge clk)   //状态寄存器
  begin
  cur_state<=nex_state;
  end
always @ (cur_state)     //产生下一个状态的组合逻辑
    case(cur_state)
    s0: nex_state<=s1;
    s1: nex_state<=s0;
    default: nex_state<=s0;
```

```
        endcase
    always @ (posedge clk)      //将按键的相应功能转换成位控码和段控数据
        case(cur_state)
        s0: begin SM_wei<=2'b01; count<=count1;end
        s1: begin SM_wei<=2'b10; count<=count2;end
        default: begin SM_wei<=2'b11; count<=0; end
        endcase
    endmodule
```

程序说明：

(1) 模块 key_f2_top 调用了 4 个模块，模块 divf_key 用于实现分频，输入 clk 为 50 MHz，输出 clk_100Hz 为 100 Hz；模块 key_f2 用于检测按键并根据按键的功能获得相关信息；模块 key_f2_wei 则将获取的信息转换成位控码和段控数据；模块 Decode_8S 则用于将段控数据转换成段控码，于是段控码和位控码共同控制数码管的显示输出。例 2-4 的代码中没有写出模块 Decode_8S，该模块与数码管一节中的 Decode_8S 模块完全相同，请读者自行补充。

(2) 在 key_f2 模块中，使用了含 s0、s1 和 s2 三个状态的状态机来处理按键 1 和按键 2，s1 为 A 状态，s2 为 B 状态，s0 是为按下按键 B 时的加减计数赋初值 0。

(3) key_f2_wei 模块将获取的信息转换成位控码和段控数据，模块使用了含两个状态的状态机，这两个状态分别对应两个数码管。实际系统设计中可能用到数量不等的数码管，通常用到几个数码管，就需要使用几个状态来分别控制每个数码管的显示。

5. 硬件验证

引脚锁定情况如图 2-14 所示。

SM_duan[7]	Output	PIN_106
SM_duan[6]	Output	PIN_105
SM_duan[5]	Output	PIN_104
SM_duan[4]	Output	PIN_103
SM_duan[3]	Output	PIN_102
SM_duan[2]	Output	PIN_101
SM_duan[1]	Output	PIN_99
SM_duan[0]	Output	PIN_97
SM_wei[1]	Output	PIN_151
SM_wei[0]	Output	PIN_107
clk	Input	PIN_23
key[3]	Input	PIN_64
key[2]	Input	PIN_63
key[1]	Input	PIN_61
key[0]	Input	PIN_60

图 2-14　引脚锁定情况

　　结果表明：对于功能 1，当分别按下按键 1、按键 2、按键 3 和按键 4 后，则在数码管上显示相对应的键号 1、2、3、4。对于功能 2，当不停地按下按键 1 时，数码管 1 的显示在 A 和 B 之间切换。当显示 A 时，不停地按下按键 2，则在数码管 2 上显示加 1 计数；当显示 B 时，不停地按下按键 2，则在数码管 2 上显示减 1 计数。

6. 扩展部分

　　请读者思考其他按键的应用。例如：按键 1 实现 4 功能选择，按键 2 对每一个功能再作 4 个二级功能细分，这样两个按键就可以完成 16 种功能。请读者自行定义这 16 种功能，完成设计，并下载到开发板中验证。

2.4　液晶显示控制

1. 设计要求

在液晶屏上显示特定的信息，具体要求如下：

(1) 显示静态信息：第一行显示“HEJK WELCOME U！”；第二行显示“QQ:2372775147”。

(2) 显示动态信息：在第二行的某个固定位置显示某个变量值，该变量实现加 1 计数，计数范围为 0～9，循环计数。

2. 设计说明

　　LCD1602 应用比较普遍，市面上的字符型液晶绝大多数是基于 HD44780 液晶芯片的，控制原理完全相同，因此 HD44780 读写的控制程序可以很方便地应用于市面上大部分的字符型液晶。字符型 LCD 通常有 14 条引脚线或 16 条引脚线，多出来的 2 条线是背光电源线 Vcc(15 脚)和地线 GND(16 脚)，其控制原理与 14 脚的 LCD 完全一样。

1) LCD1602 引脚与功能

LCD1602 引脚排列如图 2-15 所示。

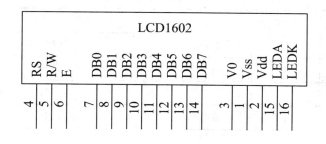

图 2-15　LCD1602 引脚排列

LCD1602 引脚功能如表 2-1 所示。

表 2-1　LCD1602 引脚功能

引脚号	符号	电平	输入/输出	功　　能
1	Vss			电源地
2	Vdd			电源 +5 V
3	V0			对比度调整电压。接正电源时对比度最弱，接地时对比度最强，对比度过高时会产生"鬼影"，使用时可以通过一个 10 kΩ 的电位器调整对比度
4	RS	0/1	输入	寄存器选择：1=数据寄存器；0=指令寄存器
5	R/W	0/1	输入	读、写操作：1=读；0=写
6	E	1, 1→0	输入	使能信号：1 时读取信息；1→0(下降沿)时执行命令
7	DB0	0/1	输入/输出	数据总线(LSB)
8	DB1	0/1	输入/输出	数据总线
9	DB2	0/1	输入/输出	数据总线
10	DB3	0/1	输入/输出	数据总线
11	DB4	0/1	输入/输出	数据总线
12	DB5	0/1	输入/输出	数据总线
13	DB6	0/1	输入/输出	数据总线
14	DB7	0/1	输入/输出	数据总线(MSB)
15	LEDA	+Vcc	输入	背光电源正极(接 +5 V)
16	LEDK	接地	输入	背光电源负极(接地)

在端口中，RS、R/W、E 为液晶模块的控制信号，其真值表见表 2-2。

表 2-2　控制信号真值表

RS	R/W	E	功　　能
0	0	下降沿	写指令
0	1	高电平	读忙标志和 AC 值
1	0	下降沿	写数据
1	1	高电平	读数据

2) 字符显示原理

HD44780 内置了 DDRAM、CGROM 和 CGRAM。

DDRAM 就是显示数据 RAM，用来寄存待显示的字符代码，共 80 个字节。其地址和屏幕显示位置的对应关系如图 2-16 所示。

显示位置		1	2	3	4	…	15	16	17	…	40
DDRAM 地址	第一行	00H	01H	02H	03H		0EH	0FH	10H		27H
	第二行	40H	41H	42H	43H		4EH	4FH	50H		67H

图 2-16 DDRAM 地址和屏幕显示位置的对应关系

显然，一行有 40 个地址，但 LCD1602 屏幕每行只能显示 16 个字符，所以在 1602 中只用 DDRAM 前 16 个地址，第二行一样，也用前 16 个地址。如图 2-16 中阴影部分所示。例如：若在 LCD1602 屏幕的第一行第一列显示一个 "A" 字，就要向 DDRAM 的 00H 地址写入 "A" 字的代码，若在屏幕第二行第一列显示一个 "B" 字，就要向 DDRAM 的 40H 地址写入 "B" 字的代码。

文本文件中每一个字符都是用一个字节的代码记录的。一个汉字是用两个字节的代码记录的。在 PC 上只要打开文本文件就能在屏幕上看到对应的字符，是因为在操作系统里和 BIOS 里都固化有字符字模。什么是字模？就是在点阵屏幕上点亮和熄灭的信息数据。例如 "A" 字的字模为：

01110 ○■■■○
10001 ■○○○■
10001 ■○○○■
10001 ■○○○■
11111 ■■■■■
10001 ■○○○■
10001 ■○○○■

上图左边的数据就是字模数据，右边就是将左边数据用 "○" 代表 0，用 "■" 代表 1，可以看出是个 "A" 字。在文本文件中，"A" 字的代码是 41H，PC 收到 41H 的代码后就去字模文件中将代表 A 字的这一组数据送到显卡去点亮屏幕上相应的点，于是就看到 "A" 这个字了。

在 LCD 模块上也固化了字模存储器，这就是 CGROM 和 CGRAM。HD44780 内置了 192 个常用字符的字模，存于字符产生器 CGROM(Character Generator ROM)中，另外还有 8 个允许用户自定义的字符产生 RAM，称为 CGRAM(Character Generator RAM)。图 2-17 说明了 CGROM 和 CGRAM 与字符的对应关系。

从图 2-17 可以看出，"A" 字对应的上面高位代码为 0100，对应的左边低位代码为 0001，合起来就是 01000001，也就是 41H。因此若要在 LCD1602 屏幕的第一行第一列显示一个 "A"，就要向 DDRAM 的 00H 地址写入 41H，在 LCD1602 内部则根据 41H 从 CGROM 中取出字模数据，驱动 LCD 屏幕的第一行第一列的点阵显示 "A"。

字符代码 0x00～0x0F 为用户自定义的字符图形 RAM(对于 5×8 点阵的字符，可以存放 8 组；5×10 点阵的字符，可存放 4 组)，就是 CGRAM 了。

0x20～0x7F 为标准的 ASCII 码，0xA0～0xFF 为日文字符和希腊文字符，其余字符码(0x10～0x1F 及 0x80～0x9F)没有定义。

图 2-17　CGROM 和 CGRAM 与字符的对应关系

下面进一步介绍对 DDRAM 的内容和地址进行具体操作的指令。

3) LCD1602 指令描述

LCD1602 有 11 个控制指令，下面分别阐述每条指令的格式及其功能。

(1) 清屏指令如表 2-3 所示。

表 2-3　清 屏 指 令

指令功能	指令编码										执行时间/ms
	RS	R/W	DB7	DB6	DB5	DB4	DB3	DB2	DB1	DB0	
清屏	0	0	0	0	0	0	0	0	0	1	1.64

功能：

① 清除液晶显示器，即将 DDRAM 的内容全部填入 ASCII 码 20H。

② 光标归位，即将光标撤回液晶显示屏的左上方。

③ 将地址计数器(AC)的值设置为 0。

(2) 光标归位指令如表 2-4 所示。

表 2-4　光标归位指令

指令功能	指令编码										执行时间/ms
	RS	R/W	DB7	DB6	DB5	DB4	DB3	DB2	DB1	DB0	
光标归位	0	0	0	0	0	0	0	0	1	X	1.64

功能：

① 把光标撤回到液晶显示屏的左上方。

② 把地址计数器(AC)的值设置为 0。

③ 保持 DDRAM 的内容不变。

(3) 进入模式设置指令如表 2-5 所示。

表 2-5　进入模式设置指令

指令功能	指令编码										执行时间/μs
	RS	R/W	DB7	DB6	DB5	DB4	DB3	DB2	DB1	DB0	
进入模式设置	0	0	0	0	0	0	0	1	I/D	S	40

功能：设定每次写入 1 位数据后光标的移位方向，并且设定每次写入的一个字符是否移动。参数设置为

I/D：0——写入或读出新数据后，AC 值自动减 1，光标左移；1——写入或读出新数据后，AC 值自动增 1，光标右移。

S：0——写入新数据后显示屏不移动；1——写入新数据后显示屏整体平移，此时若 I/D=0 则画面右移，若 I/D=1 则画面左移。

(4) 显示开关控制指令如表 2-6 所示。

表 2-6　显示开关控制指令

指令功能	指令编码										执行时间/μs
	RS	R/W	DB7	DB6	DB5	DB4	DB3	DB2	DB1	DB0	
显示开关控制	0	0	0	0	0	0	1	D	C	B	40

功能：控制显示器开/关、光标显示/关闭以及光标是否闪烁。参数设置为

D：0——显示功能关；1——显示功能开。

C：0——无光标；1——有光标。

B：0——光标闪烁；1——光标不闪烁。

(5) 设定显示屏或光标移动方向指令如表 2-7 所示。

表 2-7　设定显示屏或光标移动方向指令

指令功能	指　令　编　码										执行时间/μs
	RS	R/W	DB7	DB6	DB5	DB4	DB3	DB2	DB1	DB0	
设定显示屏或光标移动方向	0	0	0	0	0	1	S/C	R/L	X	X	40

功能：使光标移位或使整个显示屏幕移位，但不改变 DDRAM 的内容。参数设定的情况如表 2-8 所示。

表 2-8　设定显示屏或光标移动的真值表

S/C	R/L	设　定　情　况
0	0	光标左移 1 格
0	1	光标右移 1 格
1	0	显示器上字符全部左移一格，但光标不动
1	1	显示器上字符全部右移一格，但光标不动

(6) 功能设定指令如表 2-9 所示。

表 2-9　功能设定指令

指令功能	指　令　编　码										执行时间/μs
	RS	R/W	DB7	DB6	DB5	DB4	DB3	DB2	DB1	DB0	
功能设定	0	0	0	0	1	DL	N	F	X	X	40

功能：设定数据总线位数、显示的行数及字型。参数设置为

DL：0——数据总线为 4 位；1——数据总线为 8 位。

N：0——显示 1 行；1——显示 2 行。

F：0——5×7 点阵/字符；1——5×10 点阵/字符。

(7) 设定 CGRAM 地址指令如表 2-10 所示。

表 2-10　设定 CGRAM 地址指令

指令功能	指　令　编　码										执行时间/μs
	RS	R/W	DB7	DB6	DB5	DB4	DB3	DB2	DB1	DB0	
设定 CGRAM 地址	0	0	0	1	CGRAM 的地址(6 位)						40

功能：设定下一个要存入数据的 CGRAM 的地址。

(8) 设定 DDRAM 地址指令如表 2-11 所示。

表 2-11　设定 DDRAM 地址指令

指令功能	指令编码										执行时间/μs
	RS	R/W	DB7	DB6	DB5	DB4	DB3	DB2	DB1	DB0	
设定 DDRAM 地址	0	0	1	DDRAM 的地址(7 位)							40

功能：设定下一个要存入数据的 DDRAM 的地址，地址值可以为 0x00~0x4f。

(9) 读取忙信号或 AC 地址指令如表 2-12 所示。

表 2-12　读取忙信号或 AC 地址指令

指令功能	指令编码										执行时间/μs
	RS	R/W	DB7	DB6	DB5	DB4	DB3	DB2	DB1	DB0	
读取忙信号或 AC 地址	0	1	FB	AC 内容(7 位)							40

功能：

① 读取忙信号 BF 的内容，BF=1 表示液晶显示器忙，暂时无法接收单片机送来的数据或指令；当 BF=0 时，液晶显示器可以接收单片机送来的数据或指令。

② 读取地址计数器(AC)的内容。

(10) 数据写入 DDRAM 或 CGRAM 指令如表 2-13 所示。

表 2-13　数据写入 DDRAM 或 CGRAM 指令

指令功能	指令编码										执行时间/μs
	RS	R/W	DB7	DB6	DB5	DB4	DB3	DB2	DB1	DB0	
数据写入到 DDRAM 或 CGRAM	1	0	要写入的数据 D7~D0								40

功能：将字符码写入 DDRAM(或 CGRAM)，以使液晶显示屏显示出相对应的字符，或者将使用者自己设计的图形存入 CGRAM。

(11) 从 CGRAM 或 DDRAM 读出数据的指令如表 2-14 所示。

表 2-14　从 CGRAM 或 DDRAM 读出数据的指令

指令功能	指令编码										执行时间/μs
	RS	R/W	DB7	DB6	DB5	DB4	DB3	DB2	DB1	DB0	
从 CGRAM 或 DDRAM 读出数据	1	1	要读出的数据 D7~D0								40

功能：读取当前 DDRAM 或 CGRAM 单元中的内容。

4) 读写操作时序

根据上述指令的介绍可知，LCD1602 有 4 种基本操作，见表 2-15。

表 2-15　LCD1602 的 4 种基本操作

基本操作	输　　　入	输　　　出
读状态	RS=L，RW=H，E=H	DB0～DB7 为状态字
写指令	RS=L，RW=L，E 为下降沿，DB0～DB7 为指令码	无
读数据	RS=H，RW=H，E=H	DB0～DB7 为数据
写数据	RS=H，RW=L，E 为下降沿，DB0～DB7 为数据	无

读、写操作时序分别如图 2-18 和图 2-19 所示。

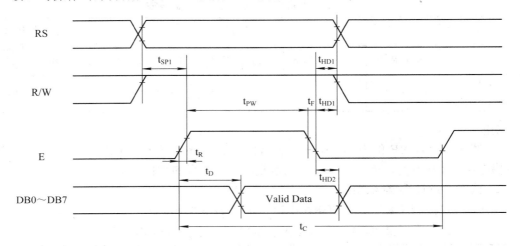

图 2-18　读操作时序

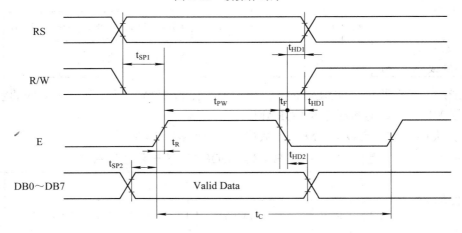

图 2-19　写操作时序

读、写操作时序图中均有相应的时间参数，这些时间参数均为微秒级，可查阅相关手册得到确切的时间。

5) LCD 电路连接图和引脚对应图

LCD 电路连接图和引脚对应图如图 2-20 所示。

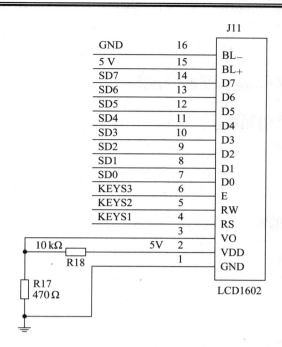

图 2-20　LCD 电路连接图和引脚对应图

3. 设计模块

对于液晶屏显示的设计，可使用两个模块实现，如图 2-21 所示。模块 U1 用于分频，为液晶提供合适的工作频率；模块 U2 用于实现液晶屏的显示控制，产生控制液晶屏用的读/写信号、使能信号，以及相应的指令和数据。

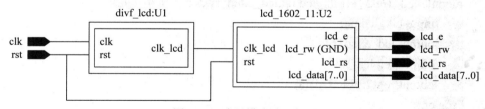

图 2-21　液晶模块端口框图

4. 代码分析

根据图 2-21，可以很容易地得出例 2-5 所示的代码。例 2-5 在液晶屏中显示静态信息，静态信息由参数设置。

【例 2-5】　设计要求(1)的实现代码——静态显示。

程序代码如下：

```
//液晶顶层模块,调用了两个模块
module lcd_1602_top(clk,rst,lcd_e,lcd_rw,lcd_rs,lcd_data);
input clk,rst;
output lcd_e,lcd_rw;
output lcd_rs;
```

```verilog
output[7:0] lcd_data;
wire clk_lcd;
divf_lcd U1(clk,rst,clk_lcd);
lcd_1602_11 U2(clk_lcd,rst,lcd_e,lcd_rw,lcd_rs,lcd_data);
endmodule
//2 的 16 次方分频，约得到 800 Hz 的频率
module divf_lcd(clk,rst,clk_lcd);
input clk,rst;
output reg clk_lcd;
reg  [16:0] counter;
always @(negedge rst, posedge clk)
 begin
     if(!rst)
          counter<=0;
     else
       begin
          counter=counter+1'b1;
          clk_lcd=counter[16];
       end
 end
endmodule
//控制液晶屏的显示
module lcd_1602_11(clk_lcd,rst,lcd_e,lcd_rw,lcd_rs,lcd_data);
    input clk_lcd,rst;
    output lcd_e,lcd_rw;
    output reg lcd_rs;
    output reg[7:0] lcd_data;
 reg en;
 reg rs;
  reg [1:0] cnt;
//本例可设置 11 个控制液晶屏的命令，用于初始化液晶屏
 reg[3:0] com_cnt;
 reg[87:0] com_buf_bit;
 parameter com_buf={8'h01,8'h06,8'h0C,8'h38,8'h80,8'h00,8'h00,8'h00,8'h00,8'h00,8'h00};
//用于显示在液晶屏两行的 32 个字符(含空格)
 reg[5:0] dat_cnt;
 reg[255:0] dat_buf_bit;
 parameter   dat_buf="HEJK WELCOME U!   QQ:2372775147   "; //静态显示数据
 reg [2:0] next_state;
```

```verilog
parameter    set0=4'h0,set1=4'h1,set2=4'h2,dat1=4'h3,dat2=4'h4,complete=4'h7;
//使用状态机控制 LCD 显示两行内容
always @(posedge clk_lcd)
  begin
    en<=0;    //LCD 读写时用 en 控制 lcd_e
    case(next_state)
       //LCD 的初始化
       set0:    begin
                        com_buf_bit<=com_buf;
                        dat_buf_bit<=dat_buf;
                        com_cnt<=0;
                        dat_cnt<=0;
                        next_state<=set1;
                end
       set1: begin    lcd_rs<=0; lcd_data<=com_buf_bit[87:80];
                        com_buf_bit<=(com_buf_bit<<8);
                        com_cnt<=com_cnt+1'b1;
                        if(com_cnt<10) next_state<=set1; //共 11 次
                        else begin next_state<=dat1;com_cnt<=0; end
                end
       //LCD 显示第一行: HEJK WELCOME U!
       dat1:    begin    lcd_rs<=1; lcd_data<=dat_buf_bit[255:248];
                        dat_buf_bit<=(dat_buf_bit<<8);
                        dat_cnt<=dat_cnt+1'b1;
                        if(dat_cnt<15) next_state<=dat1;        //共 16 次,非阻塞赋值
                        else next_state<=set2;
                end
       //LCD 控制命令: 显示第二行
       set2:    begin    lcd_rs<=0; lcd_data<=8'hC0;    next_state<=dat2;    end
       //LCD 显示第二行:    QQ:2372775147
       dat2: begin     lcd_rs<=1; lcd_data<=dat_buf_bit[255:248];
                        dat_buf_bit<=(dat_buf_bit<<8);
                        dat_cnt<=dat_cnt+1'b1;
                        if(dat_cnt<31) next_state<=dat2;    //共 32 次
                        else begin next_state<=complete;dat_cnt<=0; end
                end
       //写完 LCD 后结束
       complete: begin
                        next_state<=complete;
```

```
                    en<=1;           //使 lcd_e 一直为高电平
            end
        default:    next_state<=set0;
endcase
    end
//lcd_e 控制 LCD 在 clk_lcd 下降沿时执行命令，满足 LCD 的时序需要
assign lcd_e=clk_lcdlen;
//控制 lcd_rw 为 0,表示 LCD 在写
assign lcd_rw=0;
endmodule
```

程序说明：

(1) 本程序通过 assign lcd_e=clk_lcdlen; 、assign lcd_rw=0; 来设置 lcd_e 和 lcd_rw，然后通过状态机中对 lcd_rs 和 lcd_data 的设置，使这些控制信息和数据满足 LCD 的控制时序要求，进而完成信息在液晶屏上的显示。这些控制时序请读者对照液晶控制时序图，认真体会。

(2) 本程序使用状态机来实现对液晶显示器的控制，共设置了 6 个状态：状态 set0 完成初始化数据，状态 set1 完成液晶屏的初始化，状态 dat1 完成在第一行显示字符，状态 set2 设置在第二行显示，状态 dat2 完成在第二行显示字符，状态 complete 停止对液晶屏操作。其状态图如图 2-22 所示。

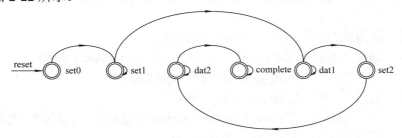

图 2-22　本设计中 6 个状态的状态图

(3) set0 状态用于初始化待显示数据 dat_buf_bit，初始化液晶屏控制命令 com_buf_bit。

(4) set1 完成初始化液晶屏时使用了 11 个命令，命令存放在 com_buf 中，具体内容在语句 parameter com_buf={8'h01,8'h06,8'h0C,8'h38,8'h80,8'h00,8'h00,8'h00,8'h00,8'h00,8'h00}; 中进行了说明。根据该语句可以看出，对于这 11 个命令，仅前 5 个是有效的，也就是说，本例仅用 5 个命令完成了对液晶屏的初始化。其余 6 个命令，用户可根据实际设计的需要添加。对于特定的设计，对液晶显示屏的要求可能不同，因此液晶屏初始化时用的命令也可能不同，需要根据实际情况进行增加、删减、修改。

(5) dat1 和 dat2 完成了液晶屏信息的两行显示，静态显示的信息存放在 dat_buf 中，具体内容在语句 parameter dat_buf="HEJK WELCOME U! QQ:2372775147　"; 中进行了说明。LCD1602 两行共可显示 32 个字符，所以 dat_buf 中存放了 32 个字符，这 32 个字符可根据实际设计的需要进行修改。

(6) 要求在第二行显示的命令在 set2 状态完成。语句 lcd_data<=8'hC0;将位置选定在第二行的开始处。

例 2-6 在液晶屏中显示动态信息，与静态显示一样，静态信息由参数设置，动态信息则由程序内部或外部动态产生。

【例2-6】　设计要求(2)的实现代码——动态显示。

程序代码如下：

```
//第一行显示静态数据，第二行则动态显示计数值
module lcd_1602_21(clk,rst,lcd_e,lcd_rw,lcd_rs,lcd_data);
   input clk,rst;
   output lcd_e,lcd_rw;
   output reg lcd_rs;
   output reg[7:0] lcd_data;
reg en;
reg rs;
reg  [16:0] counter;
reg clk_lcd;
reg [1:0] cnt;
reg  [10:0] count_disp;
reg[3:0] disp;
//本例可设置 11 个控制液晶的命令，用于初始化液晶屏
reg[3:0] com_cnt;
reg[87:0] com_buf_bit;
parameter
com_buf={8'h01,8'h06,8'h0C,8'h38,8'h80,8'h00,8'h00,8'h00,8'h00,8'h00,8'h00};
//用于显示在液晶屏两行的 32 个字符(含空格)
reg[5:0] dat_cnt;
reg[255:0] dat_buf_bit;
parameter   dat_buf=" FPGA WELCOME!    Count:           ";
reg [2:0] next_state;
parameter   set0=4'h0,set1=4'h1,set2=4'h2,dat1=4'h3,dat2=4'h4,set3=4'h5,dat3=4'h6,
complete=4'h7;
//2 的 16 次方分频，约得到 800 Hz 的频率
always @(negedge rst, posedge clk)
begin
if(!rst)
        counter<=0;
 else
  begin
   counter=counter+1'b1;
```

```
               clk_lcd=counter[16];
      end
end
//显示的计数值，约 1s 变量 disp 加 1
always @(posedge clk_lcd)
 begin
    count_disp=count_disp+1'b1;
    if(count_disp>=800)        //约 1s，此处 800 与 clk_lcd 频率有关
      begin
          count_disp<=0;
          disp=disp+1'b1;
          if(disp>=10) disp<=0;
      end
end
//使用状态机控制 LCD 显示两行内容
always @(posedge clk_lcd)
  begin
  en<=0;   //LCD 读写时用 en 控制 lcd_e
  case(next_state)
    //LCD 的初始化
    set0:   begin
                     com_buf_bit<=com_buf:
                     dat_buf_bit<=dat_buf;
                     com_cnt<=0;
                     dat_cnt<=0;
                     next_state<=set1;
             end
    set1: begin    lcd_rs<=0; lcd_data<=com_buf_bit[87:80];
                     com_buf_bit<=(com_buf_bit<<8);
                     com_cnt<=com_cnt+1'b1;
                     if(com_cnt<10) next_state<=set1;    //共 11 次
                     else begin next_state<=dat1;com_cnt<=0; end
             end
    //LCD 显示第一行: FPGA WELCOME!
    dat1:    begin   lcd_rs<=1; lcd_data<=dat_buf_bit[255:248];
                     dat_buf_bit<=(dat_buf_bit<<8);
                     dat_cnt<=dat_cnt+1'b1;
                     if(dat_cnt<15) next_state<=dat1;    //共 16 次，非阻塞赋值
                     else next_state<=set2;
```

```
                end
//LCD 控制命令:显示第二行
set2:    begin    lcd_rs<=0; lcd_data<=8'hC0;   next_state<=dat2;   end
//LCD 显示第二行: HEJK WELCOME U!
dat2: begin       lcd_rs<=1; lcd_data<=dat_buf_bit[255:248];
                    dat_buf_bit<=(dat_buf_bit<<8);
                    dat_cnt<=dat_cnt+1'b1;
                    if(dat_cnt<31) next_state<=dat2;    //共 32 次
                    else begin next_state<=set3;dat_cnt<=0; end
        end
//LCD 显示在第二行第 8 个位置特定的变量 disp
set3: begin      lcd_rs<=0; lcd_data<=8'hC8;   next_state<=dat3;   end
dat3: begin      lcd_rs<=1; lcd_data<=disp+8'd48;
                    next_state<=set3;
        end
default:      next_state<=set0;
    endcase
    end
//lcd_e 控制 LCD 在 clk_lcd 下降沿时执行命令，满足 LCD 的时序需要
assign lcd_e=clk_lcdlen;
//控制 lcd_rw 为 0，表示 LCD 在写
assign lcd_rw=0;
endmodule
```

程序说明：

(1) 本例使用状态机来实现液晶显示器的动态显示控制。本例设置了 5 个用于静态显示的状态：set0 完成初始化数据，set1 完成初始化液晶屏，dat1 完成在第一行显示字符，set2设置第二行显示命令，dat2 完成在第二行显示字符。除此之外，还设置了两个用于动态显示信息的状态，即 set3 和 dat3。其状态图如图 2-23 所示。

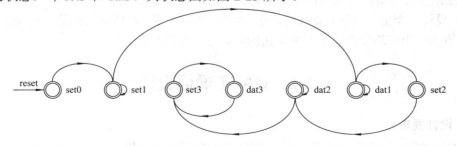

图 2-23　本设计中 7 个状态的状态图

(2) 本例中 5 个用于静态显示的状态的功能与用法，与例 2-5 中完全相同。

(3) set3 用于设置变量的显示位置，语句 lcd_data<=8'hC8;将位置选定在第二行的中间第 8 个位置。dat3 用于显示变量，语句 lcd_data<=disp+8'd48; 在选定的位置显示变量 disp，

因为 0 的 ASCII 值为 48，所以为了显示 disp 的 ASCII 字符，在变量 disp 后加 48。

(4) 本例仅用了一个模块，将分频器也写在了模块中，在模块中直接使用分频后的频率对液晶进行控制。当然，本例也可参照例 2-5 将分频器分离出来单独写成一个模块，再参照图 2-21 来完成设计，感兴趣的读者可自行完成。

5. 硬件验证

将设计下载到实验开发系统中，观察实际运行情况。引脚锁定情况如图 2-24 所示。

clk	Input	PIN_23
lcd_data[7]	Output	PIN_96
lcd_data[6]	Output	PIN_95
lcd_data[5]	Output	PIN_94
lcd_data[4]	Output	PIN_92
lcd_data[3]	Output	PIN_90
lcd_data[2]	Output	PIN_89
lcd_data[1]	Output	PIN_88
lcd_data[0]	Output	PIN_87
lcd_e	Output	PIN_70
lcd_rs	Output	PIN_68
lcd_rw	Output	PIN_69
rst	Input	PIN_132

图 2-24　引脚锁定情况

例 2-5 编译下载后，在液晶屏中显示静态信息：第一行显示 "HEJK WELCOME U！"；第二行显示 "QQ:2372775147"。

例 2-6 编译下载后，在液晶屏中显示动态信息：在第二行中间位置显示加 1 计数，计数范围为 0～9，循环计数。

硬件运行结果与设计要求一致。

6. 扩展部分

请读者思考并实现以下扩展功能：

(1) 根据读者的要求，在液晶屏上显示两行有用的静态信息，比如，第一行显示个人姓名，第二行显示个人联系方式。

(2) 对于静态信息，要求在液晶屏上从左到右滚动循环移动，即要求在液晶屏上显示的字符逐渐左移，最左边消失的字需要在最右边滚动显示出来。

(3) 设计一个电子时钟，完成时、分、秒的计时。要求：在液晶屏的第一行显示 "H　M S"，在第二行相应的位置显示不断变化的时、分、秒的相应数值。

2.5　UART 通信设计

1. 设计要求

FPGA 通过串口与微机实现通信，串口处于全双工工作状态，具体要求如下：

(1) 每次按下按键 3，FPGA 就向 PC 发送 "Hello！" 字符串，并将 FPGA 发送来的信息显示在串口调试工具上；

(2) PC 通过串口调试工具可随时向 FPGA 发送 0～9，FPGA 接收后显示在数码管上。

2. 设计说明

下面对串口通信原理作简单介绍。

串口称为"通用异步收发器"(Universal Asynchronous Receiver and Transmitter，UART)，通常采用异步通信协议与其他设备通信。

串行异步通信协议的特点是一个字符一个字符地传输，并且传送一个字符总是以起始位开始，以停止位结束，字符之间没有固定的时间间隔要求。其格式如图 2-25 所示。每一个字符的前面都有一位起始位(低电平，逻辑值为 0)，字符通常由 8 位数据位组成，字符后面是一位校验位(也可以没有校验位或此位作其他用途)，最后一位是停止位，停止位后面是不定长度的空闲位。停止位和空闲位都规定为高电平(逻辑值为 1)，这样就保证起始位开始处一定有一个下降沿。

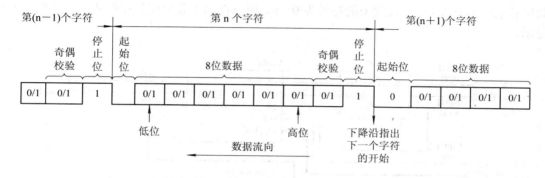

图 2-25　传送的字符格式

从图 2-25 中可以看出，这种格式是靠起始位和停止位来实现字符的界定或同步的，传送数据时，数据的低位在前、高位在后。图 2-26 表示了传送一个字符 E 的 ASCAII 码的波形 1010001。当把它的最低有效位写到右边时，就是 E 的 ASCII 码，1000101=45H。

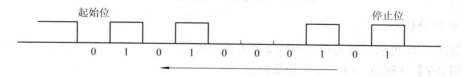

图 2-26　传送字符 E 的 ASCII 的波形

下面就起始/停止位的作用作简单说明。起始位实际上是作为联络信号附加进来的，当它变为低电平时，告诉收方传送开始。它的到来，表示下面接着是数据位来了，要准备接收。而停止位标志一个字符的结束，它的出现，表示一个字符传送完毕。这样就为通信双方提供了何时开始收发、何时结束的标志。传送开始前，发收双方把所采用的格式(包括字符的数据位长度、起始位和停止位的位数等)和数据传输速率作统一规定。传送开始后，接收设备不断地检测传输线，看是否有起始位到来。当收到一系列的"1"(停止位或空闲位)之后，检测到一个下降沿，说明起始位出现，起始位经确认后，就开始接收所规定的数据位和奇偶校验位以及停止位。经过处理将停止位去掉，把数据位拼装成一个并行字节，并且经校验后无奇偶错才算正确地接收一个字符。一个字符接收完毕，接收设备又继续测试传输线，监视"0"电平的到来和下一个字符的开始，直到全部数据传送完毕。

由上述工作过程可看到，异步通信是按字符传输的，每传输一个字符，就用起始位来通知收方，以此来重新核对收发双方同步。若接收设备和发送设备两者的时钟频率略有偏差，也不会因偏差的累积而导致错位，加之字符之间的空闲位也为这种偏差提供了一种缓冲，所以异步串行通信的可靠性高。但由于要在每个字符的前后加上起始位和停止位这样一些附加位，使得传输效率变低了，只有约 80%。

3. 设计模块

本设计可使用 3 个模块实现，如图 2-27 所示。模块 U1 为分频模块，输入时钟为 50 MHz，输出为两个频率，一是波特率(用于发送数据)，另一个是 8 倍波特率(用于接收数据)；模块 U4 处理串口的发送和接收，每个 clkbaud 周期发送一个位信息，由于 clkbaud8x 是波特率的 8 倍，因此每 8 个 clkbaud8x 周期才接收一个位信息；模块 U3 用于将接收的信息显示在数码管上。由于从 PC 串口发来的符号为 0~9，所以在这里我们仅使用低 4 位送往模块 U3 显示。

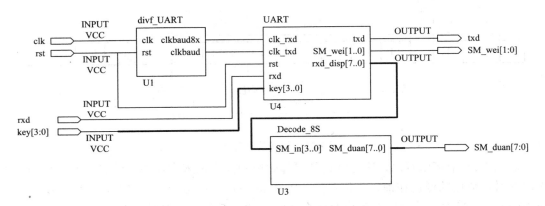

图 2-27　串口通信模块端口框图

4. 代码分析

根据图 2-27 可以很容易地得出例 2-7 所示的代码。

【例 2-7】　FPGA 与 PC 的串口通信设计。

程序代码如下：

```verilog
//UART 顶层模块，调用了 3 个模块
module UART_top(clk,rst,rxd,txd,SM_wei,SM_duan,key);
    input clk,rst;
    input rxd;          //串行数据接收端
    output txd;         //串行数据发送端
    input[3:0] key;     //按键输入
    output[1:0] SM_wei;
    output[7:0] SM_duan;
    wire[7:0] rxd_disp;
    wire clkbaud8x,clkbaud;
```

```
    divf_UART U1(clk,rst,clkbaud8x,clkbaud);
    UART U2(clkbaud8x,clkbaud,rst,rxd,txd,SM_wei,rxd_disp,key);
    Decode_8S U3(rxd_disp[3:0],SM_duan);     //将接收的数据用数码管显示出来
endmodule

module divf_UART(clk,rst,clkbaud8x,clkbaud);
  input clk,rst;
  //clkbaud8x 以 8 倍波特率为频率的时钟，它的作用是将接收一个 bit 的时钟周期
  //分为 8 个时隙，clkbaud 为发送频率
  output reg clkbaud8x,clkbaud;
  //////////////////////inner reg//////////////////////
  reg[15:0] div_reg;     //分频计数器，分频值由波特率决定。分频后得到频率为
  //8 倍波特率的时钟
  parameter div_par=16'd163;
  //分频参数，其值由对应的波特率计算而得，按此参数分频的时钟频率是波特
  //率的 8 倍，此处值对应 19200 的波特率,分频出的时钟频率为 19200*8(CLK
  //为 50MHz)
  //对应 4800、9600、19200、38400 这些常用波特率的分频参数分别为 651、
  //325、163、81
  /////////////////////////////////////////////
  always@(posedge clk)      //分频得到 8 倍波特率和波特率的频率
  begin:clk_baud
      reg[2:0] cnt_baud;
      if(!rst)
        begin
            div_reg<=0;
            clkbaud8x<=0;
            clkbaud<=0;
            cnt_baud<=0;
        end
      else if(div_reg==div_par-1)
        begin
            div_reg<=0;
            clkbaud8x<=~clkbaud8x;
            if(cnt_baud==7)
              begin
                  cnt_baud<=0;
                  clkbaud<=~clkbaud;
              end
```

```
                  else cnt_baud<=cnt_baud+1'b1;
            end
        else div_reg<=div_reg+1'b1;
    end
endmodule


module UART(clk_rxd,clk_txd,rst,rxd,txd,SM_wei,rxd_disp,key);
    input clk_rxd,clk_txd,rst;
    input rxd;    //串行数据接收端
    output txd;    //串行数据发送端
    input[3:0] key;    //按键输入
    output[7:0] rxd_disp;    //接收数据
    output[1:0] SM_wei;    //控制两个数码管的位选端
    //////////////////inner reg//////////////////
    reg[2:0]  div8_rec_reg;    //该寄存器的计数值对应接收时当前所处的时隙数
    reg clkbaud_rec;    //以波特率为频率的接收使能信号
    reg trasstart;    //开始发送标志
    reg txd_reg;    //发送寄存器
    reg recstart;    //开始接收标志
    reg[7:0] rxd_buf;    //接收数据缓存
    reg key_entry1,key_entry2;    //确定有键按下标志
    reg[3:0] key_temp,key_temp0;
    //将发送寄存器的数据持续送往串口线
    assign txd=txd_reg;
    //延时去抖，判断按键是否按下
    always@(posedge clk_rxd)
    begin
        key_temp<=key_temp0; key_temp0<=key;    //间隔 10ms，去抖
        if(key_entry2)
            key_entry1<=0;
        else if((key_temp[2]==0)&(key_temp==key_temp0)&(key_temp0!=key))
            key_entry1<=1;
end
//接收开始后，时隙数在 8 倍波特率的时钟下加 1 循环
always@(posedge clk_rxd or negedge rst)
begin
    if(!rst)
        div8_rec_reg<=0;
    else if(recstart)    //接收开始标志
```

```verilog
            div8_rec_reg<=div8_rec_reg+1'b1;
end
//要求在第 7 个时隙，接收使能信号有效，并将相应的数据接收
always@(div8_rec_reg)
begin
    if(div8_rec_reg==7)
        clkbaud_rec=1;
    else
        clkbaud_rec=0;
end
//发送"Hello!"信息
always@(posedge clk_txd or negedge rst)
begin:transmit
    parameter txd_data={"Hello!",8'd10};   //"Hello"是字符串，8'd10 是换行符 LF
    reg[55:0] txd_buf;        //发送数据缓存
    reg[7:0] txd_buf_byte;    //发送数据缓存
    parameter s0=2'b00,s1=2'b01,s2=2'b10,s3=2'b11;
    reg[1:0] state_tras;      //发送状态寄存器
    reg[2:0] send_num;        //对发送字符的个数计数
    reg[2:0] tx_cnt;          //对发送字符的位数计数
    if(!rst) begin
        txd_reg<=1;
        trasstart<=0;
        txd_buf<=0;
        state_tras<=s0;
        send_num<=0;
        key_entry2<=0;
        tx_cnt<=0;
    end
    else begin
    if(!key_entry2)    //保证按一次键就完整地发送所有信息
        begin
            if(key_entry1)   //按键按下标志
                begin
                    txd_buf<=txd_data;
                    key_entry2<=1;
                end
        end
    else
```

```verilog
        begin
          case(state_tras)
            s0: begin    //发送起始位，同时准备好待发送字符
                if(!trasstart&&send_num<7)
                  begin    //准备好待发送字符
                    trasstart<=1;
                    txd_buf_byte<=txd_buf[55:48];
                    txd_buf<=txd_buf<<8;
                  end
                else if(send_num<7)
                  begin    //发送起始位
                    txd_reg<=0;
                    state_tras<=s1;
                  end
                else begin    //进入等待状态
                    key_entry2<=0;
                    state_tras<=s0;
                    send_num<=0;
                    txd_reg<=1;
                    trasstart<=0;
                    txd_buf<=0;
                    tx_cnt<=0;
                  end
              end
            s1: begin    //发送第 1~8 位
                if(tx_cnt<=6)    //发送字符的前 7 位
                  begin
                    txd_reg<=txd_buf_byte[0];
                    txd_buf_byte[6:0]<=txd_buf_byte[7:1];
                    tx_cnt<=tx_cnt+1'b1;
                    state_tras<=s1;
                  end
                else              //发送第 8 位，并为发送停止位做准备
                  begin
                    txd_reg<=txd_buf_byte[0];
                    txd_buf_byte[6:0]<=txd_buf_byte[7:1];
                    tx_cnt<=0;
                    state_tras<=s2;
                  end
```

```
                        end
        s2: begin        //发送停止位
                    txd_reg<=1;
                    state_tras<=s3;
                end
        s3:begin        //传送字符个数加 1，并做好发送准备
                state_tras<=s0;
                send_num<=send_num+1'b1;
                trasstart<=0;
                end
        default: state_tras<=s0;
            endcase
        end
 end
end
//接收 PC 的数据
always@(posedge clk_rxd or negedge rst)
begin: receive
    reg[3:0] state_rec;        //接收状态寄存器
    reg rxd_reg1;            //接收寄存器 1
    reg rxd_reg2;                //接收寄存器 2，因异步接收，故用两级缓存
    reg recstart_tmp;
    if(!rst) begin
        rxd_reg1<=0;
        rxd_reg2<=0;
        rxd_buf<=0;
        state_rec<=0;
        recstart<=0;
        recstart_tmp<=0;
        end
    else    begin
        rxd_reg1<=rxd;
        rxd_reg2<=rxd_reg1;
        if(state_rec==0) begin
            if(recstart_tmp==1) begin
                recstart<=1;
                recstart_tmp<=0;
                state_rec<=state_rec+1'b1;
            end
```

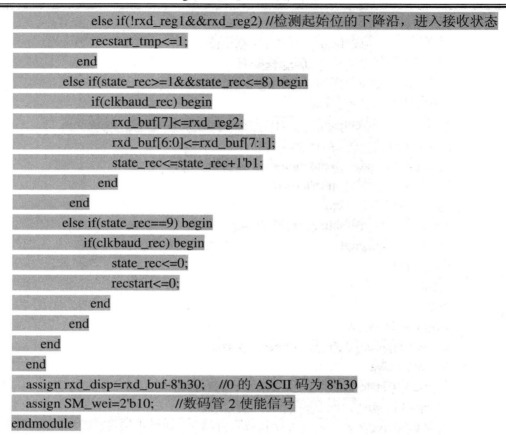

```
                else if(!rxd_reg1&&rxd_reg2) //检测起始位的下降沿，进入接收状态
                    recstart_tmp<=1;
            end
        else if(state_rec>=1&&state_rec<=8) begin
            if(clkbaud_rec) begin
                rxd_buf[7]<=rxd_reg2;
                rxd_buf[6:0]<=rxd_buf[7:1];
                state_rec<=state_rec+1'b1;
            end
        end
        else if(state_rec==9) begin
            if(clkbaud_rec) begin
                state_rec<=0;
                recstart<=0;
            end
        end
        end
    end
    assign rxd_disp=rxd_buf-8'h30;    //0 的 ASCII 码为 8'h30
    assign SM_wei=2'b10;       //数码管 2 使能信号
endmodule
```

程序说明：

(1) 本设计源码没有对检测到的下降沿进行确认，因为这样容易引起起始位的误判。在接收数据时，接收端不断检测串口传输线，看是否有起始位到来。当收到一系列的"1"(停止位或空闲位)之后，检测到一个下降沿，说明起始位出现。由于传输中可能会产生毛刺，接收端极有可能将毛刺误认为起始位，所以要对检测到的下降沿进行确认。本设计可采用 8 倍波特率的频率对下降沿进行确认，做法如下：在检测到下降沿后，在连续的 8 个周期内，对接收到的数据进行判断，若连续 8 个数据中有 4 个或 4 个以上的 0 出现，则认为该下降沿是有效的下降沿。请读者根据上面的说明对本设计进行补充完善，以防止在接收时对起始位的误判。

(2) 接收到起始位后，在后续的信息接收中，仍然采用 8 倍波特率的频率进行接收，但在接收某位信息时在第 8 个周期才将数据接收，这样可提高接收的可靠性。

(3) 发送数据时以波特率为频率进行发送。

(4) 本设计采用 19200 的波特率来传输信息，对于其他波特率，也非常容易实现。对应 4800、9600、19200、38400 这些常用波特率的分频参数分别为 651、325、163、81，读者可根据已有代码进行改写。

(5) FPGA 向 PC 发送的是静态信息，在参数 txd_data 中定义，具体见语句 parameter txd_data={"Hello!",8'd10};，包含"Hello"这 5 个字符以及一个换行符。该静态信息可以根据读者的需要自行更改。

5. 仿真分析

divf_UART 模块为分频模块，其仿真波形如图 2-28 所示。从图中可以看出，由 clk 分频得到 clkbaud8x 和 clkbaud 两个频率，其中 clkbaud8x 是 clkbaud 的 8 倍频。

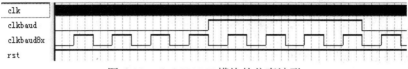

图 2-28　divf_UART 模块的仿真波形

6. 硬件验证

将设计下载到实验开发系统中，观察实际的运行情况。引脚锁定情况如图 2-29 所示。

SM_duan[7]	Output	PIN_106
SM_duan[6]	Output	PIN_105
SM_duan[5]	Output	PIN_104
SM_duan[4]	Output	PIN_103
SM_duan[3]	Output	PIN_102
SM_duan[2]	Output	PIN_101
SM_duan[1]	Output	PIN_99
SM_duan[0]	Output	PIN_97
SM_wei[1]	Output	PIN_151
SM_wei[0]	Output	PIN_107
clk	Input	PIN_23
key[3]	Input	PIN_64
key[2]	Input	PIN_63
key[1]	Input	PIN_61
key[0]	Input	PIN_60
rst	Input	PIN_132
rxd	Input	PIN_58
txd	Output	PIN_57

图 2-29　引脚锁定情况

在 PC 上打开串口调试助手，相应的参数设置为：波特率为 19200，校验位为无，数据位为 8，停止位为 1，如图 2-30 所示。

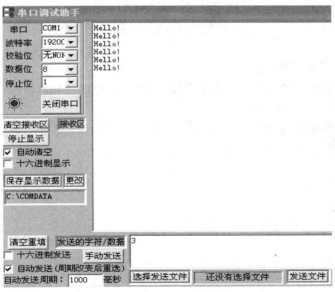

图 2-30　硬件验证时 PC 串口设置及结果

将程序下载到 FPGA 后，每次按下按键 3，FPGA 都向串口发送"Hello!"并显示在串口调试助手上，如图 2-30 所示；在串口调试助手下方发送字符区域输入 0～9 中的任一个数字，选中"自动发送"或者按"手动发送"按钮，此时该数字会在开发板的数码管上显示出来。

7. 扩展部分

请读者思考并实现以下扩展功能：

(1) 按下 4 个按键中的任一个，FPGA 均向 PC 发送"Hello!"字符串，并将 FPGA 发送来的信息显示在串口调试工具上。提示，可将按键处理程序修改如下：

```
//延时去抖，判断按键是否按下
always@(posedge clk_rxd)
begin
  key_temp<=key_temp0; key_temp0<=key;      //间隔 10ms，去抖
  if(key_entry2)
     key_entry1<=0;
  else if((key_temp!=4'hf)&(key_temp==key_temp0)&(key_temp0!=key))
     key_entry1<=1;
end
```

(2) FPGA 向 PC 发送动态信息(动态信息是指根据外界条件变化由程序生成的信息)，PC 将接收到的信息显示在串口调试助手上。

(3) PC 通过串口调试助手向 FPGA 发送信息，信息不限于 0～9 这十个数字，信息可包含 ASCII 码表中的所有字符，FPGA 接收信息后将信息显示到 LCD 上。

(4) PC 通过串口调试助手向 FPGA 发送信息，FPGA 接收该信息后在 LCD 上显示，同时再将该信息传回 PC，通过串口调试助手显示接收到的信息。

2.6　小　　　结

本章主要讨论了以下知识点：

(1) 重点介绍了本书中将要用到的 5 个硬件接口，即按键、LED、数码管、LCD 和 UART，包括各接口的原理、程序设计等。

(2) 扩展部分的实现有助于对各种接口技术的深入理解和掌握，也有助于延伸项目的应用范围，感兴趣的读者可自行完成。

数字系统应用类实训项目

本章在第 2 章中的按键、LED、数码管、LCD、UART 等接口项目开发的基础上，精选了几个数字系统设计项目，包括序列检测器、多功能计算器、求最大公因数、多功能数字钟和音乐播放器等，并对这些项目进行了详细分析和实现。

本章项目最大限度地发挥了开发板的作用，充分利用了开发板有限的接口资源，是比较经典的项目，其设计思路和实现方法值得借鉴。

3.1　序列检测器设计

二进制序列信号检测器用来检测一串输入的二进制码，当该二进制码与事先设定的二进制码一致时，检测电路输出高电平，否则输出低电平。序列检测器广泛用于日常生产、生活及军事等场合。例如，安全防盗、密码认证等加密场合，以及在海量数据中对敏感信息的自动侦听，等等。

1. 设计要求

试设计一个 "1101" 序列检测器，每当 1101 连续出现时，检测输出 1，控制 LED 灯点亮。例如：序列 "111101101001101001101" 经 FPGA 处理后，则先后亮 4 次 LED 灯。

具体要求为：

(1) 使用按键 2 来输入 1 和 0。

(2) 使用按键 3 作为序列的时钟信号，每按一次，则将按键 2 确定的二进制码串入序列中。

(3) 检测出 "1101" 序列后，第 4 个 LED 灯点亮，否则该 LED 灯灭。

2. 设计说明

根据设计要求，实现 "1101" 序列检测需要 4 个状态。进一步分析可以得出 "1101" 序列检测器的状态图，如图 3-1 所示。

为了模拟序列检测器的工作过程，根据题目要求，使用按键 3 来控制二进制码移入序列，每按一次按键，则将一个二进制码移入序列中；同时由按键 2 来控制产生二进制码，按一次按键 2 则会使二进制码取反。

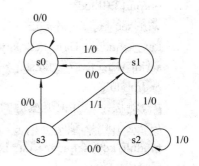

图 3-1　"1101" 序列检测器的状态图

3. 设计模块

可以使用两个模块来实现序列检测器，如图 3-2 所示。模块 U1 用于产生二进制码和序列移入时钟，同时将产生的二进制码送数码管显示；模块 U2 进行序列检测，若检测到事先设定的二进制码，就会控制 LED 灯点亮。

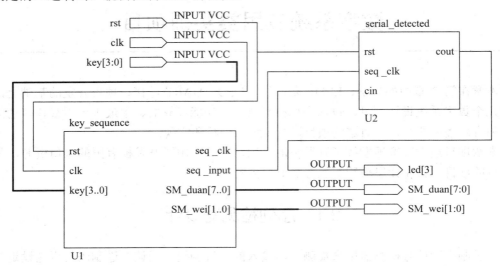

图 3-2　序列检测器模块端口框图

4. 代码分析

根据图 3-2 可以很容易地得出例 3-1 所示的代码。

【例 3-1】 序列检测器设计源码。

程序代码如下：

```
//序列检测器由 3 个模块实现
module sequence_top(rst,clk,key,SM_duan,SM_wei,led);
input rst,clk;
input[3:0] key;
output[7:0] SM_duan;        //段控制信号输出
output[1:0] SM_wei;         //位控制信号输出
output[3:0] led;
wire seq_input,seq_clk;
key_sequence U1(rst,clk,key,seq_clk,seq_input,SM_duan,SM_wei);
serial_detected U2(rst,seq_clk,seq_input,led[3]);
endmodule
//检测按键，并根据按键的功能产生相应的数据
//产生 100Hz 频率的信号，该信号用于数码管的扫描以及按键处理
module key_sequence(rst,clk,key,seq_clk,seq_input,SM_duan,SM_wei);
input clk,rst;
input[3:0] key;
```

```verilog
output reg seq_input;
output reg seq_clk;
output reg[7:0] SM_duan;        //段控制信号输出
output reg[1:0] SM_wei;         //位控制信号输出
 integer q;
 reg clk_100Hz;
 reg[3:0] key_temp0,key_temp;   //设置了两个寄存器
 always @(posedge clk)
   begin
     if(q==250000-1) begin q=0; clk_100Hz=~clk_100Hz; end    //100Hz
     else q=q+1;
   end
 always@(posedge clk_100Hz)
   begin
     seq_clk<=0;
     key_temp<=key_temp0; key_temp0<=key;        //间隔 10ms,去抖
     if((key_temp==key_temp0)&(key_temp0!=key))
         if(key_temp[1]==0) seq_input<=~seq_input;    //产生序列数据
         else if(key_temp[2]==0) seq_clk<=1;          //产生序列时钟
         else ;
     case(seq_input)
         1'b0: SM_duan=8'b00111111; //0    //段控制信号输出
         1'b1: SM_duan=8'b00000110;   //1
         default:;
     endcase
     SM_wei<=2'b01;     //位控制信号输出
   end
endmodule
//串行检测时钟由按键产生
module serial_detected(rst,seq_clk,cin,cout);
input seq_clk,rst,cin;
output reg cout;
reg[3:0] state;
//状态编码:独热编码
parameter s0 = 4'b0001,
    s1 = 4'b0010,
    s2 = 4'b0100,
    s3 = 4'b1000;
//序列检测器的状态机
```

```
always @ (posedge seq_clk)
  begin
    case(state)
    s0:
      if(cin==1'b0) begin state<=s0;cout<=1'b0; end
      else begin state<=s1;cout<=1'b0; end
    s1:
      if(cin==1'b0) begin state<=s0;cout<=1'b0; end
      else begin state<=s2;cout<=1'b0; end
    s2:
      if(cin==1'b0) begin state<=s3;cout<=1'b0; end
      else begin state<=s2;cout<=1'b0; end
    s3:
      if(cin==1'b0) begin state<=s0;cout<=1'b0; end
      else begin state<=s1;cout<=1'b1; end
    default: begin state<=s0;cout<=1'b0; end
    endcase
  end
endmodule
```

程序说明：

(1) 顶层模块 sequence_top 调用了两个模块。模块 key_sequence 用于产生二进制码和序列移入时钟，同时将产生的二进制码送数码管显示；模块 serial_detected 用于进行序列检测，若检测到事先设定的二进制码，就会控制 LED 灯点亮。

(2) serial_detected 模块在进行序列检测时，使用了包含 4 个状态的状态机予以实现，该状态机代码就是由图 3-1 所示的状态图转化而来的。

5. 仿真分析

我们仅对 serial_detected 模块进行仿真，该模块的仿真波形设置及结果如图 3-3 所示。

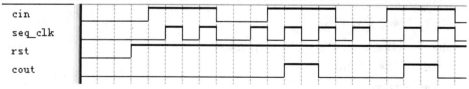

图 3-3　序列检测模块仿真波形图

仿真前需要对输入变量按照图 3-3 进行设置，然后运行仿真，观察仿真结果。从图 3-3 的仿真结果可以看出，在 seq_clk 上升沿时将 cin 串入序列，当出现 1101 时，cout 输出高电平。该仿真波形说明 serial_detected 模块的设计是正确的。

6. 硬件验证

将设计下载到实验开发系统中，观察序列检测器的实际运行情况。引脚锁定情况如图 3-4 所示。

SM_duan[7]	Output	PIN_106
SM_duan[6]	Output	PIN_105
SM_duan[5]	Output	PIN_104
SM_duan[4]	Output	PIN_103
SM_duan[3]	Output	PIN_102
SM_duan[2]	Output	PIN_101
SM_duan[1]	Output	PIN_99
SM_duan[0]	Output	PIN_97
SM_wei[1]	Output	PIN_151
SM_wei[0]	Output	PIN_107
clk	Input	PIN_23
key[3]	Input	PIN_64
key[2]	Input	PIN_63
key[1]	Input	PIN_61
key[0]	Input	PIN_60
led[3]	Output	PIN_90
led[2]	Output	PIN_89
led[1]	Output	PIN_88
led[0]	Output	PIN_87

图 3-4　引脚锁定情况

按动按键 2 可交替产生 1 和 0 两个数据(在数码管中显示)，再由按键 3 产生序列时钟信号，即每次按下按键 3，则当前由按键 2 产生的数据进入序列中。

当连续将"1101"送入序列后，则 LED 3 点亮，说明该序列检测器实现了预定的功能。

7. 扩展部分

请读者思考并实现以下扩展功能：

(1) 在检测出序列的基础上，对检测出现的次数进行累加计数，并将计数结果显示在数码管上。

(2) 使用两个数码管显示最近两次输入的数据，这样可使序列移入效果更直观。

3.2　多功能计算器设计

1. 设计要求

实现多功能计算器，具体要求如下：该计算器可以实现加法、减法、乘法三种功能。三种功能由按键 2 进行选择；两个运算数由按键 1 和按键 3 产生，每按一次键则使相应的运算数加 1；加、减、乘均产生一个结果，当按下按键 4 时，产生运算结果并将结果显示在液晶屏上，显示格式分别为"3 + 2 = 5"、"7−14 = −7"、"3 × 5 = 15"。要求参与运算的两个数为 9 以内的整数。

2. 设计说明

由于开发板资源有限，仅有 4 个按键，计算器的功能均通过 4 个按键来完成，所以为了操作方便，限定参与运算的两个数均为 9 以内的整数，同时限定该计算器仅完成加法、减法、乘法运算。

　　理论上，如果我们按一次键，就对操作数加 1，那么操作数可以是任意的正整数；同理，如果按一次键，就改变成一种新的运算，那么计算器可以完成很多种运算。但是，通过按键加 1 来改变操作数或改变运算种类，比较麻烦，所以我们对操作数以及运算种类均作了限定，操作数限定为 9 以内的整数，运算仅限于加法、减法、乘法。

　　计算器加法、减法和乘法的实现非常简单，使用 Verilog HDL 的运算符即可实现，在此不再赘述。

3. 设计模块

　　该设计可划分为 4 个模块，如图 3-5 所示。模块 U1 为分频器，得到 200 Hz 的频率，该频率用于 U2、U4 等模块；模块 U2 使用按键来设置计算器的功能以及设置参与计算的两个数据；模块 U3 根据计算器的功能以及参与计算的数据，完成运算，并将结果转换成适宜在 LCD 上显示的数据；模块 U4 则将结果显示在液晶屏上。

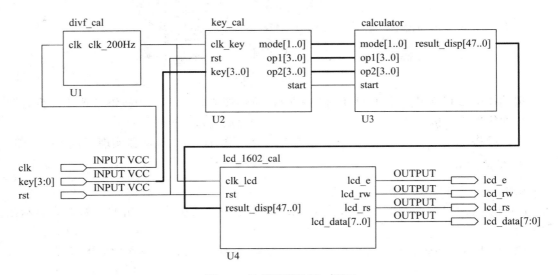

图 3-5　计算器模块端口框图

4. 代码分析

依据图 3-5，对每个模块予以实现，得到例 3-2 所示的计算器实现代码。

【例 3-2】 多功能计算器设计。

程序代码如下：

```verilog
module calculator_top(clk,rst,key,lcd_e,lcd_rw,lcd_rs,lcd_data);
    input clk,rst;
    input[3:0] key;
    output lcd_e,lcd_rw,lcd_rs;
    output [7:0] lcd_data;
wire clk_200Hz;
wire[1:0] mode;
wire[3:0] op1,op2;
```

```
   wire start;
   wire[47:0] result_disp;
   divf_cal U1(clk,clk_200Hz);
   key_cal U2(clk_200Hz,rst,key,mode,op1,op2,start);
   calculator      U3(mode,op1,op2,start,result_disp);
   lcd_1602_cal U4(clk_200 Hz,rst,result_disp,lcd_e,lcd_rw,lcd_rs,lcd_data);
endmodule
//2 的 18 次方分频，约得到 200Hz 的频率，该信号用于按键处理和 LCD 控制
module divf_cal(input clk,output reg clk_200Hz);
   reg[18:0] counter;
   always @(posedge clk)
    begin
      counter=counter+1'b1;
      clk_200Hz=counter[18];
    end
endmodule
//按键产生运算符 mode、两个运算数 op1/op2 和启动运算命令 start
module key_cal(clk_key,rst,key,mode,op1,op2,start);
   input clk_key,rst;
   input[3:0] key;
   output reg[1:0] mode;
   output reg[3:0] op1,op2;
   output reg start;
   reg[3:0] key_temp,key_temp0;
   //下面的 always 块用于检测按键，含去抖处理(寄存)
   always @(negedge rst, posedge clk_key)
     if(!rst)
       begin
          op1<=0;op2<=0;mode<=0;start<=0;
       end
     else
       begin
           key_temp<=key_temp0; key_temp0<=key;      //间隔 10 ms，去抖
           if((key_temp==key_temp0)&(key_temp0!=key)) //key:4'b1111
              if(key_temp[0]==0)
                 begin if(op1==9) op1=0; else op1<=op1+1'b1; end
              else if(key_temp[1]==0)
                    if(mode>=2) mode<=0; else mode<=mode+1'b1; //mode:0,1,2
              else if(key_temp[2]==0)
```

```
                          begin if(op2==9) op2=0; else op2<=op2+1'b1; end
                    else if(key_temp[3]==0) start<=1'b1;
                    else start<=0;
             else:
      end
endmodule
//产生结果，并将结果转换成在液晶屏上显示的字符
module calculator(mode,op1,op2,start,result_disp);
  input[1:0] mode;
  input[3:0] op1,op2;
  input start;
  output reg[47:0] result_disp;      //送液晶屏显示的字符串
  reg[7:0] result;                   //保存加、减、乘的中间结果
  reg[3:0] result_s,result_g;        //加法和乘法的十位和个位数
  reg signal;    //减法的符号位
  always @(mode,op1,op2,start)
     begin
       if(start)       //启动计算，得到新结果
         if(mode==0)
             begin result<=op1+op2;
                    result_s<=result/4'd10;          //十位数
                    result_g<=result-result_s*4'd10;   //个位数
                    signal<=0;
             end
         else if(mode==1)
             if(op1>=op2) begin result_s<=0; result_g<=op1-op2; signal<=0; end //正数
             else begin result_s<=0; result_g<=op2-op1; signal<=1; end          //负数
         else if(mode==2)
             begin result<=op1*op2;
                    result_s<=result/4'd10;              //十位数
                    result_g<=result-result_s*4'd10;   //个位数
                    signal<=0;
             end
         else ;
       //产生液晶屏显示数据
       result_disp[47:40]<=op1+8'd48;
       if(mode==0) result_disp[39:32]<="+";
       else if(mode==1) result_disp[39:32]<="-";
       else if(mode==2) result_disp[39:32]<="x";
```

```
        else ;
        result_disp[31:24]<=op2+8'd48;
        result_disp[23:16]<="=";
        if(signal) result_disp[15:8]<="-";              //显示负号"-"
        else if(result_s==0) result_disp[15:8]<=" ";  //不显示
        else result_disp[15:8]<=result_s+8'd48;
        result_disp[7:0]<=result_g+8'd48;
    end
endmodule


//在液晶屏上显示运算结果，每按一下按键4，则会得出新结果
module lcd_1602_cal(clk_lcd,rst,result_disp,lcd_e,lcd_rw,lcd_rs,lcd_data);
    input clk_lcd,rst;
    input[47:0] result_disp;      //送液晶屏显示的字符串
    output lcd_e,lcd_rw;
    output reg lcd_rs;
    output reg[7:0] lcd_data;
reg en;
reg rs;
reg [1:0] cnt;
//本例可设置 11 个控制液晶屏的命令，用于初始化液晶屏
reg[3:0] com_cnt;
reg[87:0] com_buf_bit;
parameter com_buf={8'h01,8'h06,8'h0C,8'h38,8'h80,8'h00,8'h00,8'h00,8'h00,8'h00,8'h00};
//8 位,2 行,5*7://整体显示,关光标,不闪烁//清除//控制显示第一行
//用于显示在液晶屏第一行的 16 个字符(含空格)
reg[5:0] dat_cnt;
reg[127:0] dat_buf_bit;
parameter   dat_buf="    calculator    ";
reg [3:0] next_state;
parameter    set0=4'h0,set1=4'h1,set2=4'h2,dat1=4'h3,dat2=4'h4,
             dat3=4'h8,dat4=4'h9,dat5=4'ha,dat6=4'hb,dat7=4'hc;
//使用状态机控制 LCD 显示两行内容
always @(posedge clk_lcd)
  begin
    en<=0;   //LCD 读写时用 en 控制 lcd_e
    case(next_state)
        //LCD 的初始化
        set0:   begin
```

```
                          com_buf_bit<=com_buf;
                          dat_buf_bit<=dat_buf;
                          com_cnt<=0;
                          dat_cnt<=0;
                          next_state<=set1;
               end
      set1: begin   lcd_rs<=0; lcd_data<=com_buf_bit[87:80];
                    com_buf_bit<=(com_buf_bit<<8);
                    com_cnt<=com_cnt+1'b1;
                    if(com_cnt<10) next_state<=set1;    //共 11 次
                    else begin next_state<=dat1;com_cnt<=0; end
            end
      //LCD 显示第一行:    calculator
      dat1:    begin   lcd_rs<=1; lcd_data<=dat_buf_bit[127:120];
                    dat_buf_bit<=(dat_buf_bit<<8);
                    dat_cnt<=dat_cnt+1'b1;
                    if(dat_cnt<15) next_state<=dat1;      //共 16 次，非阻塞赋值
                    else next_state<=set2;
             end
      //LCD 控制命令:显示第二行
      set2:    begin   lcd_rs<=0; lcd_data<=8'hC5;   next_state<=dat2;   end
      //dat2~dat7 共 6 个状态，用于在 LCD 显示第二行，例如: 3+2= 5
      dat2: begin      lcd_rs<=1; lcd_data<=result_disp[47:40];
                    next_state<=dat3;
             end
      dat3: begin      lcd_rs<=1; lcd_data<=result_disp[39:32];
                    next_state<=dat4;
             end
      dat4: begin      lcd_rs<=1; lcd_data<=result_disp[31:24];
                    next_state<=dat5;
             end
      dat5: begin      lcd_rs<=1; lcd_data<=result_disp[23:16];
                    next_state<=dat6;
             end
      dat6: begin      lcd_rs<=1; lcd_data<=result_disp[15:8];
                    next_state<=dat7;
             end
      dat7: begin      lcd_rs<=1; lcd_data<=result_disp[7:0];
                    next_state<=set2;
```

```
            end
    default:        next_state<=set0;
        endcase
    end
//lcd_e 控制 lcd 在 clk_lcd 下降沿时执行命令，满足 LCD 的时序需要
assign lcd_e=clk_lcdlen;
//控制 lcd_rw 为 0，表示 LCD 在写
assign lcd_rw=0;
endmodule
```

程序说明：

(1) 在 calculator_top 模块中，可以看到调用了 4 个模块。divf_cal 模块为分频器，得到 200 Hz 的频率，该频率用于 key_cal、lcd_1602_cal 等模块；key_cal 模块使用按键来设置计算器的功能以及设置参与计算的两个数据；calculator 模块根据计算器的功能以及参与计算的数据进行运算，并将结果转换成适宜在 LCD 上显示的数据；lcd_1602_cal 模块用于将结果显示在液晶屏上。

(2) 4 个按键的功能：三种功能由按键 2 进行选择，每按一次按键 2 就改变一种功能，三种功能依次循环选择；两个运算数由按键 1 和按键 3 产生，每按一次键则使相应的运算数加 1；按键 4 则启动计算并得到计算结果。请读者参照 key_cal 模块认真体会。

(3) 动态数据在液晶屏上的显示，由状态机来完成，请读者参照 lcd_1602_cal 模块的代码及其注释认真体会。

5. 仿真分析

这里我们只对 calculator 模块作仿真分析。calculator 模块的仿真波形设置及结果如图 3-6 所示。

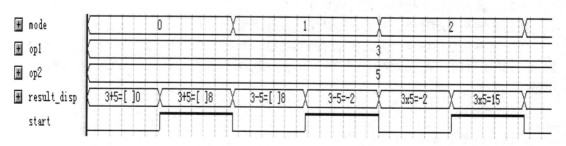

图 3-6　calculator 模块的仿真波形图

仿真前需要对输入变量的属性进行以下设置：将 op1、op2、mode 设置成无符号十进制数；将 result_disp 设置成 ASCII；根据模块的功能，如图示设定 mode、op1、op2、start 等 4 个输入的值。然后运行仿真，观察仿真结果。从图 3-6 可以看出，加、减、乘的运算结果都是正确的。注意，start 为高电平时才启动计算，并将计算结果交给 result_disp 变量。start 为低电平时，可以改变运算类型和运算数，但不改变运算结果。

6. 硬件验证

将设计下载到实验开发系统中，观察实际运行情况。引脚锁定情况如图 3-7 所示。

clk	Input	PIN_23
key[3]	Input	PIN_64
key[2]	Input	PIN_63
key[1]	Input	PIN_61
key[0]	Input	PIN_60
lcd_data[7]	Output	PIN_96
lcd_data[6]	Output	PIN_95
lcd_data[5]	Output	PIN_94
lcd_data[4]	Output	PIN_92
lcd_data[3]	Output	PIN_90
lcd_data[2]	Output	PIN_89
lcd_data[1]	Output	PIN_88
lcd_data[0]	Output	PIN_87
lcd_e	Output	PIN_70
lcd_rs	Output	PIN_68
lcd_rw	Output	PIN_69
rst	Input	PIN_132

图 3-7　引脚锁定情况

该计算器可以实现加法、减法、乘法三种功能：三种功能由按键 2 进行选择；按下按键 2，依次循环选择加法、减法、乘法；若当前状态为乘法，再次按下按键 2 后则实现加法功能。

两个运算数由按键 1 和按键 3 产生，每按一次按键则使相应的运算数加 1；当前运算数为 9 时，若再次按下按键，则运算数变为 0。

按键 4 则是启动计算，并将计算结果送液晶屏显示。

由于没有加复位信号，因此液晶屏的初始显示有可能是乱码，如"1+0=-?"。在按下按键 4 开始操作后，液晶屏显示就正常了。感兴趣的读者可自行添加复位信号，解决这个问题。

7. 扩展部分

请读者思考并实现以下扩展功能：

(1) 本小节设计的多功能计算器，仅包含加法、减法和乘法，请读者在此基础上完成除法运算功能。要求：① 除法中除数为 0，则需要报错，并将错误信息"E"显示在液晶屏上；② 除法产生商和余数两个结果，除法在液晶屏上显示的格式为"13/5=2…3"，即要求商和余数之间使用"…"隔开。参与运算的两个数为 9 以内的整数。

(2) 本小节设计的多功能计算器，对参与计算的操作数限定为 9 以内的整数，事实上对于更大的数，其实现原理是一样的。请将参与计算的操作数扩展到 1000 以内，并将结果显示在液晶屏上。

3.3　求最大公因数设计

1．设计要求

实现求最大公因数，具体要求如下：对任意输入的两个正整数，能够得到它们的最大公因数。两个数由按键 1 和按键 2 产生，按键 4 则启动求最大公因数并将结果显示在液晶屏上，显示格式为"8G4=4"，要求输入的两个数均为 9 以内的整数。

2．设计说明

首先编写程序，用以描述所要实现的计算任务。图 3-8 所示为求最大公因数(Greatest Common Divisor，GCD)的系统框图，其输入为 go_i、x_i 和 y_i，输出为 d_o。其中 go_i 为控制信号，x_i 和 y_i 为两个输入的正整数，d_o 为两个输入正整数的公因数。

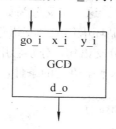

图 3-8　GCD 系统框图

例 3-3 是一个求最大公因数的算法程序，用 C 语言表示。

【例 3-3】　求最大公因数的算法。

程序代码如下：

```
 0: int   x, y, r;
 1: while (1) {
 2:     while (!go_i);
 3:     if (x_i >= y_i)  {
 4:         x=x_i;
 5:         y=y_i;
           }
       else {
 6:         x=y_i;
 7:         y=x_i;
           }
 8:     while   (y != 0) {
 9:         r = x % y;
10:         x = y;
11:         y = r;
           }
```

```
12:        d_o = x;
           }
```

程序说明:

(1) 该算法的功能很简单,即求两个输入数的最大公因数,并输出。如果输入是 12 和 9,则输出应该是 3;如果输入是 13 和 3,则输出应该为 1。读者可以利用 C 语言的集成开发环境(如 VC++6.0)验证算法的正确性。

(2) 程序中,go_i、x_i、y_i 均为输入,d_o 为输出,与图 3-8 中的输入、输出一致。go_i 为控制信号,只有该信号为有效电平(即高电平)时,才启动求最大公因数的进程;若为无效电平,则程序暂停,直到该信号有效。

然后,要将上述 C 语言程序转换成硬件实现。用硬件来实现程序算法,需要两个步骤:第一步是得到状态图;第二步是用 Verilog HDL 语言实现。下面对这两个步骤作详细说明。

(1) 首先将程序转换成一个复杂的状态图,图中的状态和边可包含算术表达式,表达式中可使用外部输入、输出以及变量。这一步又分为如下两个子步骤:

① 将所有语句分为赋值语句、循环语句或分支语句。

② 对于赋值语句、循环语句和分支语句,分别套用图 3-9 所示的转换模板将相应的程序语句转换为状态图。图中的 C 表示本条语句的条件,J 表示本条语句的结束。

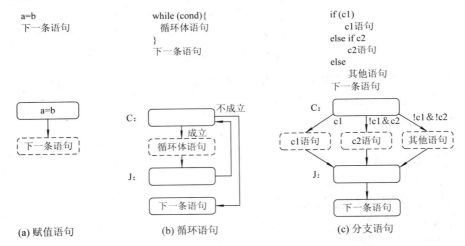

图 3-9　状态图转换模板

根据图 3-9 及例 3-3,可以得到图 3-10(a)所示的状态图。可以看出,该状态图中有几个状态根本没有做任何事情,因此可以对图 3-10 的状态图(左)进行化简。显然,状态 1 没有做任何事情,没有必要存在;状态 2 和状态 2-J 可以合并为一个状态,因为在两者之间没有循环运算;状态 4 和状态 5 也可以合并,因为它们所执行的赋值运算彼此无关,同理,状态 6 和状态 7 也可以合并,状态 9、状态 10 和状态 11 也可以合并;状态 3-J 和状态 8 可以合并;状态 1-J 可以去掉。化简后的状态图如图 3-10(b)所示。

(2) 使用 Verilog HDL 语言实现状态图。

得到化简的状态图后,下一步就是使用 Verilog HDL 状态机实现该状态图,具体的 Verilog 实现代码见后面的例 3-4 所示。

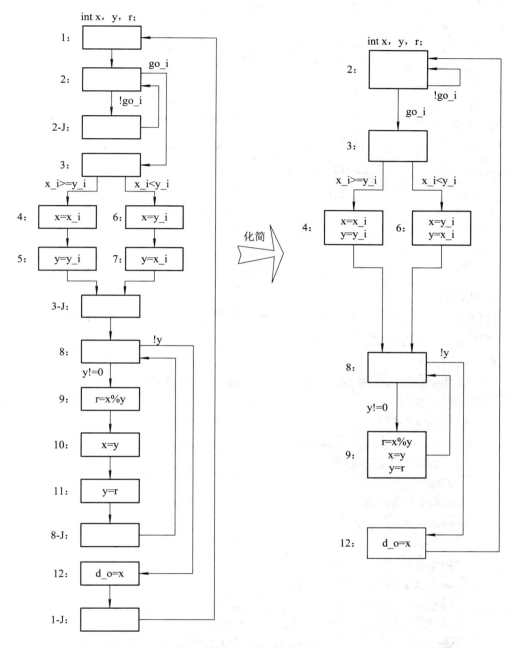

图 3-10　状态图

3. 设计模块

本设计采用 4 个模块实现，如图 3-11 所示。模块 U1 为分频器，得到 200 Hz 的频率，该频率用于 U2、U3、U4 等模块；模块 U2 使用按键来设置参与运算的两个数据；模块 U3 根据求最大公因数的算法，完成运算，并将结果转换成适宜在 LCD 上显示的数据；模块 U4 用于将结果显示在液晶屏上。

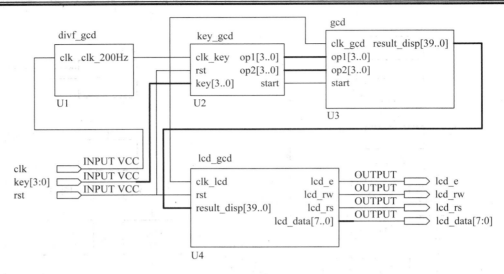

图 3-11　GCD 模块端口框图

4. 代码分析

依据图 3-11，对每个模块予以实现，得到例 3-4 所示的求最大公因数的实现代码。

【例 3-4】　求最大公因数源码。

程序代码如下：

```verilog
module gcd_top(clk,rst,key,lcd_e,lcd_rw,lcd_rs,lcd_data);
   input clk,rst;
    input[3:0] key;
    output lcd_e,lcd_rw,lcd_rs;
    output [7:0] lcd_data;
  wire clk_200Hz;
  wire[1:0] mode;
  wire[3:0] op1,op2;
  wire start;
  wire[39:0] result_disp;
  divf_gcd U1(clk,clk_200Hz);
  key_gcd U2(clk_200Hz,rst,key,op1,op2,start);
  gcd      U3(clk_200Hz,op1,op2,start,result_disp);
  lcd_gcd U4(clk_200Hz,rst,result_disp,lcd_e,lcd_rw,lcd_rs,lcd_data);
endmodule
//2 的 18 次方分频，约得到 200 Hz 的频率，该信号用于按键处理和 LCD 控制
module divf_gcd(input clk,output reg clk_200Hz);
  reg[18:0] counter;
  always @(posedge clk)
    begin
```

```
            counter=counter+1'b1;
            clk_200Hz=counter[18];
        end
endmodule
//按键产生两个运算数 op1、op2 和启动运算命令 start
module key_gcd(clk_key,rst,key,op1,op2,start);
    input clk_key,rst;
    input[3:0] key;
    output reg[3:0] op1,op2;
    output reg start;
    reg[3:0] key_temp,key_temp0;
    //下面的 always 块用于检测按键，含去抖处理(寄存)
    always @(negedge rst, posedge clk_key)
        if(!rst)
        begin
            op1<=0;op2<=0;start<=0;
        end
        else
        begin
            key_temp<=key_temp0; key_temp0<=key;      //间隔 10ms,去抖
            if((key_temp==key_temp0)&(key_temp0!=key)) //key:4'b1111
                if(key_temp[0]==0)
                    begin if(op1==9) op1=0; else op1<=op1+1'b1; end
                else if(key_temp[1]==0)
                    begin if(op2==9) op2=0; else op2<=op2+1'b1; end
                else if(key_temp[3]==0) start<=1'b1;
                else start<=0;
            else;
        end
endmodule
//产生结果，并将结果转换成在液晶屏上显示的字符
//求最大公因数的 Verilog 代码，算法和状态图均已经过优化
module gcd(clk_gcd,op1,op2,start,result_disp);
    input[3:0] op1,op2;
    input clk_gcd,start;
    output reg[39:0] result_disp;     //送液晶屏显示的字符串
    reg[3:0] d_o;
    parameter s0=3'b111,s1=3'b001,s2=3'b010,
              s3=3'b011,s4=3'b100,s5=3'b101,s6=3'b110;
```

```verilog
  reg[2:0] current_state,next_state;
  reg[3:0] x,y,r;
  always @(posedge clk_gcd)              //状态寄存器
      current_state<=next_state;
  always @(current_state,op1,op2,start,x,y,r)    //产生下一个状态的组合逻辑
    case(current_state)
      s0: if(start) next_state<=s1;
          else next_state<=s0;
      s1: if(op1>=op2) next_state<=s2;
          else next_state<=s3;
      s2: begin next_state<=s4;end
      s3: begin next_state<=s4;end
      s4: if(y>0) next_state<=s5;
          else next_state<=s6;
      s5: begin    next_state<=s4;end
      s6: begin    next_state<=s0;end
      default: next_state<=s0;
    endcase
  always @(negedge clk_gcd)    //产生输出和中间变量的组合逻辑
      begin
      case(current_state)
        s2: begin x=op1;y=op2;end
        s3: begin x=op2;y=op1;end
        s5: begin    r=x%y;x=y;y=r; end
        s6: begin    d_o=x; end
        default: ;
      endcase
      //产生液晶屏显示数据
  result_disp[39:32]<=op1+8'd48;
  result_disp[31:24]<="G";
  result_disp[23:16]<=op2+8'd48;
  result_disp[15:8]<="=";
  result_disp[7:0]<=d_o+8'd48;
  end
endmodule

//在液晶屏上显示运算结果，每按一下按键 4，则会得出新结果
module lcd_gcd(clk_lcd,rst,result_disp,lcd_e,lcd_rw,lcd_rs,lcd_data);
  input clk_lcd,rst;
```

```
     input[39:0] result_disp;      //送液晶屏显示的字符串
  output lcd_e,lcd_rw;
  output reg lcd_rs;
  output reg[7:0] lcd_data;
reg en;
reg rs;
reg [1:0] cnt;
//本例可设置 11 个控制液晶屏的命令，用于初始化液晶屏
reg[3:0] com_cnt;
reg[87:0] com_buf_bit;
parameter
com_buf={8'h01,8'h06,8'h0C,8'h38,8'h80,8'h00,8'h00,8'h00,8'h00,8'h00,8'h00};
//8 位,2 行,5*7;//整体显示,关光标,不闪烁//清除//控制显示第一行
//用于显示在液晶屏第一行的 16 个字符(含空格)
reg[5:0] dat_cnt;
reg[127:0] dat_buf_bit;
parameter  dat_buf="      GCD          ";   //液晶屏第一行显示字符
reg [3:0] next_state;
parameter   set0=4'h0,set1=4'h1,set2=4'h2,dat1=4'h3,dat2=4'h4,
            dat3=4'h8,dat4=4'h9,dat5=4'ha,dat6=4'hb,dat7=4'hc;
//使用状态机控制 LCD 显示两行内容
always @(posedge clk_lcd)
 begin
 en<=0;   //LCD 读写时用 en 控制 lcd_e
 case(next_state)
    //LCD 的初始化
    set0:   begin
                    com_buf_bit<=com_buf;
                    dat_buf_bit<=dat_buf;
                    com_cnt<=0;
                    dat_cnt<=0;
                    next_state<=set1;
            end
    set1: begin   lcd_rs<=0; lcd_data<=com_buf_bit[87:80];
                    com_buf_bit<=(com_buf_bit<<8);
                    com_cnt<=com_cnt+1'b1;
                    if(com_cnt<10) next_state<=set1;   //共 11 次
                    else begin next_state<=dat1;com_cnt<=0; end
            end
```

```
                    //LCD 显示第一行: GCD
            dat1:    begin    lcd_rs<=1; lcd_data<=dat_buf_bit[127:120];
                              dat_buf_bit<=(dat_buf_bit<<8);
                              dat_cnt<=dat_cnt+1'b1;
                              if(dat_cnt<15) next_state<=dat1; //共 16 次,非阻塞赋值
                              else next_state<=set2;
                     end
            //LCD 控制命令:显示第二行
            set2:    begin    lcd_rs<=0; lcd_data<=8'hC5;    next_state<=dat2;    end
            //dat2~dat6 共 5 个状态,用于在 LCD 上显示第二行,例如: 3G6=3
            dat2: begin       lcd_rs<=1; lcd_data<=result_disp[39:32];
                              next_state<=dat3;
                     end
            dat3: begin       lcd_rs<=1; lcd_data<=result_disp[31:24];
                              next_state<=dat4;
                     end
            dat4: begin       lcd_rs<=1; lcd_data<=result_disp[23:16];
                              next_state<=dat5;
                     end
            dat5: begin       lcd_rs<=1; lcd_data<=result_disp[15:8];
                              next_state<=dat6;
                     end
            dat6: begin       lcd_rs<=1; lcd_data<=result_disp[7:0];
                              next_state<=set2;
                     end
            default:    next_state<=set0;
        endcase
    end
    //lcd_e 控制 LCD 在 clk_lcd 下降沿时执行命令,满足 LCD 的时序需要
    assign lcd_e=clk_lcd|en;
    //控制 lcd_rw 为 0,表示 LCD 在写
    assign lcd_rw=0;
endmodule
```

程序说明：

(1) 在 gcd_top 模块中,可以看到调用了 4 个模块。divf_gcd 模块为分频器,得到 200 Hz 的频率,该频率用于 key_gcd、gcd、lcd_gcd 等模块；key_gcd 模块实现求最大公因数的算法,完成运算,并将结果转换成适宜在 LCD 上显示的数据；lcd_gcd 模块实现将结果显示在液晶屏上。

(2) 4 个按键中仅用到了 3 个：两个运算数由按键 1 和按键 2 产生,每按一次键则使相

应的运算数加 1；按键 4 则启动计算并得到计算结果。按键的处理以及使用，请参考 key_gcd
模块。

（3）动态数据在液晶屏上显示的方法，与多功能计算器中的方法类似，也由状态机来
完成，请读者参照 lcd_gcd 模块的代码及其注释认真体会。

5. 仿真分析

这里，我们只对 gcd 模块作仿真分析。gcd 模块的仿真波形设置及结果如图 3-12 所示。

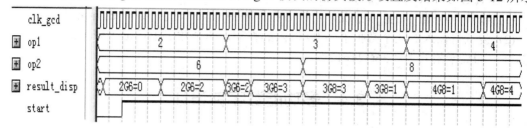

图 3-12　gcd 模块的仿真波形图

仿真前需要对输入进行以下设置：将 op1、op2、mode 设置成无符号十进制数；将
result_disp 设置成 ASCII；根据模块的功能，按图示设定 op1、op2、start 等 3 个输入的值。
然后运行仿真，观察仿真结果。从图 3-12 可以看出，求最大公因数有一定的延迟，具体延
迟的时间跟参与计算的两个数有关。由于参与运算的两个数均为 9 以内的整数，所以延迟
均为几个时钟周期，从仿真图中也可以看出这一点。

6. 硬件验证

将设计下载到实验开发系统中，观察实际运行情况。引脚锁定情况如图 3-13 所示。

clk	Input	PIN_23
key[3]	Input	PIN_64
key[2]	Input	PIN_63
key[1]	Input	PIN_61
key[0]	Input	PIN_60
lcd_data[7]	Output	PIN_96
lcd_data[6]	Output	PIN_95
lcd_data[5]	Output	PIN_94
lcd_data[4]	Output	PIN_92
lcd_data[3]	Output	PIN_90
lcd_data[2]	Output	PIN_89
lcd_data[1]	Output	PIN_88
lcd_data[0]	Output	PIN_87
lcd_e	Output	PIN_70
lcd_rs	Output	PIN_68
lcd_rw	Output	PIN_69
rst	Input	PIN_132

图 3-13　引脚锁定情况

把程序下载到开发板后，开发板的液晶屏上显示“1G0=0”，这是因为本程序没有处理
输入为 0 这种异常情况。

通过按键 1 和按键 2 产生两个数，然后按下按键 4 启动求最大公因数并将结果显示在液晶屏上，操作结果为"8G4=4"。在 gcd 模块中，求两个数的最大公因数使用的是 200 Hz 的频率，而计算延迟仅为几个周期，所以在硬件开发板上观察结果时，几乎看不到任何延迟。在按键 4 被按下后，最大公因数几乎同时显示在液晶屏上。

7. 扩展部分

请读者思考并实现以下扩展功能：

(1) 输入为 0 是一种异常情况，请读者在程序中添加"输入为 0"的异常处理代码。

(2) 尝试将输入的两个数扩展为 99 以内的整数，两个数仍由按键 1 和按键 2 产生，在液晶屏上的显示格式为"36G24=12"。

3.4　多功能数字钟设计

1. 设计要求

实现一个如图 3-14 所示的多功能数字钟(含跑表功能)，具体要求如下。

(1) 计时功能：包括时、分、秒、百分秒的计时，对数字钟来说，可以实现一天以内精确至 1 秒的计时；对于跑表来说，可以实现一小时以内精确至百分之一秒的计时。并将结果显示在液晶屏上。

(2) 定时功能：可设定闹钟定时的小时和分钟值。

(3) 校时功能：根据当前准确时间对小时、分钟能手动调整以校准时间。通过按键来修改小时、分钟值，完成对小时、分钟的校准。

(4) 复位和暂停功能：这一功能是针对数字跑表的，数字钟不需要这个功能。

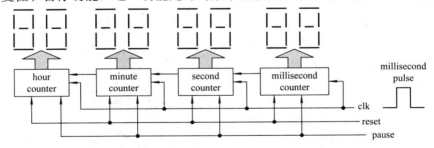

图 3-14　多功能数字钟

2. 设计说明

本设计将两个项目放在了一起，一个项目是数字钟，另一个项目是数字跑表，这两个项目针对不同的应用，因此设计要求也有所不同。

对于数字钟来说，需要计时、校时、闹钟等功能，针对计时功能，则要求实现包括时、分、秒的计时，并且可以实现一天以内精确至 1 s 的计时。

对于跑表来说，需要复位清零、暂停等功能，针对计时功能，则要求实现分、秒、百分秒的计时，可以实现一小时以内精确至百分之一秒的计时。

本节仅完成设计要求中的前面 3 项。

3. 设计模块

本设计采用 4 个模块实现，如图 3-15 所示。模块 U1 用于分频，得到 100 Hz 和 1 kHz 两个频率，分别为按键和液晶屏提供合适的工作频率；模块 U2 产生工作模式以及得到时间信息、闹钟定时信息以及校时信息；模块 U3 产生显示用的时、分、秒及百分秒信息；模块 U4 用于实现液晶屏的显示控制。

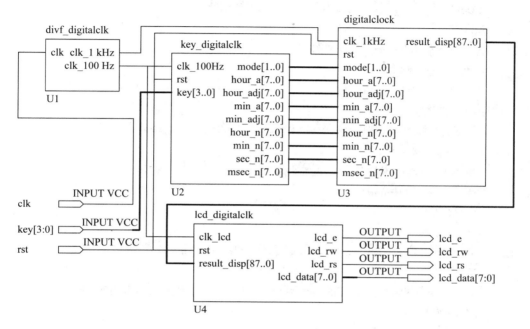

图 3-15 数字钟模块端口框图

4. 代码分析

依据图 3-15，对每个模块予以实现，得到例 3-5 所示的数字钟实现代码。

【例 3-5】 数字钟实现代码。

程序代码如下：

```
module digitalclock_top(clk,rst,key,lcd_e,lcd_rw,lcd_rs,lcd_data);
    input clk,rst;
    input[3:0] key;
    output lcd_e,lcd_rw,lcd_rs;
    output [7:0] lcd_data;
wire clk_100Hz,clk_1kHz;
wire[87:0] result_disp;
wire[1:0] mode;
wire[7:0] hour_a,hour_adj,min_a,min_adj,hour_n,min_n,sec_n,msec_n;
divf_digitalclk U1(clk,clk_1kHz,clk_100Hz);
key_digitalclk U2(clk_100Hz,rst,key,mode,hour_a,hour_adj,min_a,min_adj,hour_n,
min_n,sec_n,msec_n);
```

```verilog
digitalclock    U3(clk_1kHz,rst,mode,hour_a,hour_adj,min_a,min_adj,hour_n,min_n,
sec_n,msec_n,result_disp);
lcd_digitalclk U4(clk_100 Hz,rst,result_disp,lcd_e,lcd_rw,lcd_rs,lcd_data);
endmodule
```

//为了百分秒计时,需要得到 100 Hz 的频率，该信号用于按键处理和 LCD 控制

```verilog
module divf_digitalclk(clk,clk_1kHz,clk_100Hz);
input clk;
output reg clk_100Hz,clk_1kHz;
    integer m,p,q;
    always @(posedge clk)
      begin
        if(p==250000-1) begin p=0; clk_100Hz=~clk_100Hz; end
        else p=p+1;
        if(q==25000-1) begin q=0; clk_1kHz=~clk_1kHz; end
        else q=q+1;
      end
endmodule
```

//按键控制计时/闹钟/校时模式，并产生相应的时间信息

```verilog
module
key_digitalclk(clk_100Hz,rst,key,mode,hour_a,hour_adj,min_a,min_adj,
hour_n,min_n,sec_n,msec_n);
input clk_100Hz,rst;
input[3:0] key;
output reg[1:0] mode;
output reg[7:0] hour_a,hour_adj,min_a,min_adj,hour_n,min_n,sec_n,msec_n;
reg mode_hm;
reg[3:0] key_temp,key_temp0;
reg clk_2Hz,secclk,minclk,hclk;
```

//下面的 always 块用于检测按键，含去抖处理(寄存)

```verilog
always @(negedge rst, posedge clk_100Hz)
  if(!rst)
    begin
        mode<=0;hour_a<=0;hour_adj<=0;min_a<=0;min_adj<=0;
    end
  else
    begin
        key_temp<=key_temp0; key_temp0<=key; //间隔 10 ms，去抖
        if((key_temp==key_temp0)&(key_temp0!=key)) //key:4'b1111
            if(key_temp[0]==0)
```

```verilog
                    if(mode>=2) mode<=0; else mode<=mode+1'b1;   //3 种模式: 0 为
//计时, 1 为闹钟, 2 为校时
            else if(key_temp[1]==0)
                    mode_hm<=mode_hm+1'b1;     //两种模式: 0 为小时, 1 为分钟
            else if(key_temp[2]==0)
                if(mode==1)
                    if(mode_hm)                                 //分钟
                        if(min_a==8'h59) begin min_a<=0;end
                        else if(min_a[3:0]==9)
                        begin min_a[3:0]<=0; min_a[7:4]<=min_a[7:4]+1'b1;   end
                        else begin min_a[3:0]<=min_a[3:0]+1'b1;   end
                    else                                        //小时
                        if(hour_a==8'h23) hour_a<=0;
                        else if(hour_a[3:0]==9)
                        begin hour_a[3:0]<=0; hour_a[7:4]<=hour_a[7:4]+1'b1;   end
                        else    hour_a[3:0]<=hour_a[3:0]+1'b1;
                else if(mode==2)
                    if(mode_hm)                                 //分钟
                        if(min_adj==8'h59) begin min_adj<=0; end
                        else if(min_adj[3:0]==9)
                        begin min_adj[3:0]<=0; min_adj[7:4]<=min_adj[7:4]+1'b1;   end
                        else begin min_adj[3:0]<=min_adj[3:0]+1'b1;   end   //十位
                    else                                        //小时
                        if(hour_adj==8'h23) hour_adj<=0;
                        else if(hour_adj[3:0]==9)
                        begin hour_adj[3:0]<=0; hour_adj[7:4]<=hour_adj[7:4]+1'b1; end
                        else    hour_adj[3:0]<=hour_adj[3:0]+1'b1;
            else;
        end
always @(negedge rst,posedge clk_100Hz)    //百分秒计时
    if(!rst) msec_n<=0;
    else
        if(!(msec_n^8'h99))
        begin
            msec_n<=0;    secclk<=1;
        end
        else
        begin
            if(msec_n[3:0]==4'b1001)
```

```
                begin msec_n[3:0]<=4'b0000;msec_n[7:4]<=msec_n[7:4]+1'b1; end
                else
                begin msec_n[3:0]<=msec_n[3:0]+1'b1; secclk<=0;   end
            end
always @(negedge rst,posedge secclk)                     //秒计时
    if(!rst) sec_n<=0;
    else
        if(!(sec_n^8'h59))
                begin
                    sec_n<=0;    minclk<=1;
                end
            else
                if(sec_n[3:0]==4'b1001)
                begin sec_n[3:0]<=4'b0000;sec_n[7:4]<=sec_n[7:4]+1'b1; end
                else
                begin sec_n[3:0]<=sec_n[3:0]+1'b1; minclk<=0;    end
always @(negedge rst,posedge clk_100Hz,posedge minclk)        //分计时
    begin
    if(!rst) min_n<=0;
    else if(clk_100Hz)
        begin if(mode==2) min_n<=min_adj; end     //校时状态下更新计时
    else
        if(min_n==8'h59) begin min_n<=0;hclk<=1; end
        else if(min_n[3:0]==9)
        begin min_n[3:0]<=0; min_n[7:4]<=min_n[7:4]+1'b1;   end
        else begin min_n[3:0]<=min_n[3:0]+1'b1; hclk<=0;   end
    end
always @(negedge rst,posedge clk_100Hz,posedge hclk)          //小时计时
    begin
    if(!rst) hour_n<=0;
    else if(clk_100Hz)
        begin if(mode==2) hour_n<=hour_adj;end       //校时状态下更新计时
    else
        if(hour_n==8'h23) hour_n<=0;
        else if(hour_n[3:0]==9)
        begin hour_n[3:0]<=0; hour_n[7:4]<=hour_n[7:4]+1'b1;   end
        else   hour_n[3:0]<=hour_n[3:0]+1'b1;
    end
endmodule
```

```verilog
/*********** 信号定义:
clk_1kHz: 可用于产生闹铃音、报时音的时钟信号，也用于产生送 LCD 显示的相
关时、分、秒信息
mode: 功能控制信号：为 0，计时功能；为 1，闹钟功能；为 2，手动校时功能
*****************/
module digitalclock(clk_1kHz,rst,mode,hour_a,hour_adj,min_a,min_adj,hour_n,
min_n,sec_n,msec_n,result_disp);
input clk_1kHz,rst;
input[1:0] mode;
input[7:0] hour_a,hour_adj,min_a,min_adj,hour_n,min_n,sec_n,msec_n;
reg[7:0] hour,min,sec,msec;    //时、分、秒信号
output reg[87:0] result_disp;
always@(posedge clk_1kHz)   //时、分、秒的显示控制
  begin
   if(mode==0)
     begin hour<=hour_n; min<=min_n; sec<=sec_n; msec<=msec_n; end
                                        //计时状态下的时、分、秒显示
   else if(mode==1)
     begin hour<=hour_a; min<=min_a; sec<=0; msec<=0; end
                                        //闹钟设置状态下的时、分、秒显示
   else if(mode==2)
     begin    hour<=hour_adj; min<=min_adj; sec<=0; msec<=0; end
                                        //校时状态下的时、分、秒显示
   //产生液晶屏显示数据
   result_disp[87:80]<=hour[7:4]+8'd48;   //ASCII:48 ———> 0
   result_disp[79:72]<=hour[3:0]+8'd48;
   result_disp[71:64]<=":";
   result_disp[63:56]<=min[7:4]+8'd48;
   result_disp[55:48]<=min[3:0]+8'd48;
   result_disp[47:40]<=":";
   result_disp[39:32]<=sec[7:4]+8'd48;
   result_disp[31:24]<=sec[3:0]+8'd48;
   result_disp[23:16]<=":";
   result_disp[15:8]<=msec[7:4]+8'd48;
   result_disp[7:0]<=msec[3:0]+8'd48;
  end
endmodule
//通过液晶屏显示计时、闹铃、校时 3 种模式下的"时、分、秒、百分秒"信息
```

```verilog
module lcd_digitalclk(clk_lcd,rst,result_disp,lcd_e,lcd_rw,lcd_rs,lcd_data);
    input clk_lcd,rst;
    input[87:0] result_disp;        //送液晶屏显示的字符串
    output lcd_e,lcd_rw;
    output reg lcd_rs;
    output reg[7:0] lcd_data;
reg en;
reg rs;
reg [1:0] cnt;
//本例可设置 11 个控制液晶的命令，用于初始化液晶屏
reg[3:0] com_cnt;
reg[87:0] com_buf_bit;
parameter com_buf={8'h01,8'h06,8'h0C,8'h38,8'h80,8'h00,8'h00,8'h00,8'h00,8'h00,8'h00};
//8 位,2 行,5*7;//整体显示,关光标,不闪烁//清除//控制显示第一行
//用于显示在液晶屏两行的 32 个字符(含空格)
reg[5:0] dat_cnt;
reg[255:0] dat_buf_bit;
parameter    dat_buf="    H   M   S MS              :            ";
reg [3:0] next_state;
parameter    set0=4'h0,set1=4'h1,set2=4'h2,dat1=4'h3,dat2=4'h4,
             dat3=4'h5,dat4=4'h6,dat5=4'h7,dat6=4'hd,dat7=4'he,
             dat8=4'h8,dat9=4'h9,dat10=4'ha,dat11=4'hb,dat12=4'hc;
//使用状态机控制 LCD 显示两行内容
always @(posedge clk_lcd)
  begin
    en<=0;   //LCD 读写时用 en 控制 lcd_e
    case(next_state)
        //LCD 的初始化
        set0:   begin
                    com_buf_bit<=com_buf;
                    dat_buf_bit<=dat_buf;
                    com_cnt<=0;
                    dat_cnt<=0;
                    next_state<=set1;
                end
        set1: begin    lcd_rs<=0; lcd_data<=com_buf_bit[87:80];
                    com_buf_bit<=(com_buf_bit<<8);
                    com_cnt<=com_cnt+1'b1;
                    if(com_cnt<10) next_state<=set1;     //共 11 次
```

```verilog
                            else begin next_state<=dat1;com_cnt<=0; end
              end
      //LCD 显示第一行:    H   M   S MS
      dat1:     begin    lcd_rs<=1; lcd_data<=dat_buf_bit[255:248];
                        dat_buf_bit<=(dat_buf_bit<<8);
                        dat_cnt<=dat_cnt+1'b1;
                        if(dat_cnt<15) next_state<=dat1;    //共 16 次，非阻塞赋值
                        else next_state<=set2;
              end
      //LCD 控制命令:显示第二行
      set2:     begin    lcd_rs<=0; lcd_data<=8'hC2;   next_state<=dat2;    end
      //dat2~dat12 共 11 个状态，用于在 LCD 显示第二行，例如: 00:00:10:11
      dat2: begin      lcd_rs<=1; lcd_data<=result_disp[87:80];
                      next_state<=dat3;
              end
      dat3: begin      lcd_rs<=1; lcd_data<=result_disp[79:72];
                      next_state<=dat4;
              end
      dat4: begin      lcd_rs<=1; lcd_data<=result_disp[71:64];
                      next_state<=dat5;
              end
      dat5: begin      lcd_rs<=1; lcd_data<=result_disp[63:56];
                      next_state<=dat6;
              end
      dat6: begin      lcd_rs<=1; lcd_data<=result_disp[55:48];
                      next_state<=dat7;
              end
      dat7: begin      lcd_rs<=1; lcd_data<=result_disp[47:40];
                      next_state<=dat8;
              end
      dat8: begin      lcd_rs<=1; lcd_data<=result_disp[39:32];
                      next_state<=dat9;
              end
      dat9: begin      lcd_rs<=1; lcd_data<=result_disp[31:24];
                      next_state<=dat10;
              end
      dat10: begin      lcd_rs<=1; lcd_data<=result_disp[23:16];
                      next_state<=dat11;
              end
```

```
                dat11: begin        lcd_rs<=1; lcd_data<=result_disp[15:8];
                                    next_state<=dat12;
                    end
                dat12: begin        lcd_rs<=1; lcd_data<=result_disp[7:0];
                                    next_state<=set2;
                    end
                default:     next_state<=set0;
            endcase
        end
//lcd_e 控制 LCD 在 clk_lcd 下降沿时执行命令，满足 LCD 的时序需要
assign lcd_e=clk_lcdlen;
//控制 lcd_rw 为 0，表示 LCD 在写
assign lcd_rw=0;
    endmodule
```

程序说明：

(1) 在 digitalclock_top 模块中调用了 4 个模块。divf_digitalclk 模块用于分频，得到 100 Hz 和 1 kHz 两个频率，分别为按键和液晶屏提供合适的工作频率；key_digitalclk 模块通过按键产生工作模式，设定闹钟定时、校准时间等，并得到时间信息、闹钟定时信息以及校时信息；digitalclock 模块产生显示用的时、分、秒及百分秒信息；lcd_digitalclk 模块用于实现液晶屏的显示控制。

(2) 在 key_digitalclk 模块中，使用按键产生工作模式，设定闹钟定时、校准时间等，工作模式由变量 mode 来存储：mode=0，为计时模式；mode=1，为闹钟模式；mode=2，为校时模式。在校时模式下，设定校准时间后，需要将校准的小时和分钟信息传给计时用的小时和分钟，以同步更新，如"if(mode==2) hour_n<=hour_adj;"和"if(mode==2) min_n<=min_adj;"两条语句所示。

(3) 在数字钟设计中，小时、分、秒异步更新，更新时采用了不同的时钟，同时对小时、分、秒的十位和个位采取了分别处理的方法。这是一个很实用的技巧，请读者参照代码认真体会。下面单独列出处理秒的代码进行分析说明。

例：计时模式下，秒的更新。

```
always @(negedge rst,posedge secclk)                //秒计时
    if(!rst) sec_n<=0;
    else
        if(!(sec_n^8'h59))
            begin
                sec_n<=0;   minclk<=1;
            end
        else
            if(sec_n[3:0]==4'b1001)
            begin sec_n[3:0]<=4'b0000;sec_n[7:4]<=sec_n[7:4]+1'b1; end
```

```
                    else
            begin sec_n[3:0]<=sec_n[3:0]+1'b1; minclk<=0;   end
```

上面的代码中，secclk 由处理百分秒的 always 块产生，并作为时钟信号用于处理秒的 always 块；minclk 由处理秒的 always 块产生，并作为时钟信号用于处理分钟的 always 块。sec_n 是一个 8 位的信号，低 4 位用于秒的个位，高 4 位用于秒的十位。在考虑个位、十位之间的进位关系的基础上，个位和十位单独进行处理。

5. 硬件验证

将设计下载到实验开发系统中，观察实际运行情况。引脚锁定情况如图 3-16 所示。

clk	Input	PIN_23
key[3]	Input	PIN_64
key[2]	Input	PIN_63
key[1]	Input	PIN_61
key[0]	Input	PIN_60
lcd_data[7]	Output	PIN_96
lcd_data[6]	Output	PIN_95
lcd_data[5]	Output	PIN_94
lcd_data[4]	Output	PIN_92
lcd_data[3]	Output	PIN_90
lcd_data[2]	Output	PIN_89
lcd_data[1]	Output	PIN_88
lcd_data[0]	Output	PIN_87
lcd_e	Output	PIN_70
lcd_rs	Output	PIN_68
lcd_rw	Output	PIN_69
rst	Input	PIN_132

图 3-16　引脚锁定情况

程序下载到 FPGA 后，首先进入的是闹钟模式，液晶屏显示"00:00:00:00"，此时可以通过按两次按键 1 进入计时模式，或者直接按 rst 键进入计时模式。

按动按键 1 可依次进入计时、闹钟和校时三种模式，进入校时模式后，再按动按键 1，则重新进入计时模式。在闹钟或者校时模式下，按动按键 2 可依次进入小时和分钟调整两种模式。在小时调整模式下，按动按键 3 可修改小时值；在分钟调整模式下，按动按键 3 可修改分钟值。

校准后，再进入计时模式，可以看到小时和分钟已更新为校准后的时间。

6. 扩展部分

请读者思考并实现以下扩展功能：

(1) 对于数字钟功能，计时信息仅显示时、分、秒，将百分秒信息去掉。这一功能很容易实现，由读者自行完成。

(2) 设置整点报时功能和闹铃功能。每逢整点，产生间隔 1 s 的"嘀嘀嘀嘀——嘟"四短一长的报时音。在闹钟定时到的时刻，启动闹铃响，闹铃音为急促的"嘀嘀嘀"音，响声延续 30 s。需要增加一个输出到扬声器的信号，该信号可直接从 FPGA 引脚引出到扬声器，用于产生闹铃音和报时音。

(3) 使用按键来开启或关闭闹钟功能，并用一个 LED 灯指示是否设置了闹钟功能，亮表示已设置，不亮表示未设置；在校时或闹钟模式下，增加两个 LED 灯来指示调整的是小时还是分钟。

(4) 使用按键来开启或关闭数字跑表功能，对于跑表功能，计时信息仅显示分、秒、百分秒。

(5) 针对跑表功能，要求增加 pause(暂停)和 reset(复位)功能按键。按动复位键后，数字跑表从 00:00:00:00 开始计数；按动暂停键后，数字跑表停止计数，在液晶屏上稳定显示最后的计数值。

3.5 音乐播放器设计

1. 设计要求

设计硬件乐曲演奏电路，具体要求如下：

(1) 了解乐谱的一些基本知识，可以将乐谱转换为相应的 Quartus II 文件。

(2) 识谱并演奏《沂蒙山小调》和《两只老虎》，通过按键 4 来选择其中的一首乐曲播放。两首乐曲的简谱如图 3-17 和图 3-18 所示。

(3) 掌握本设计各模块的功能，能够填入并演奏一些新的曲子。

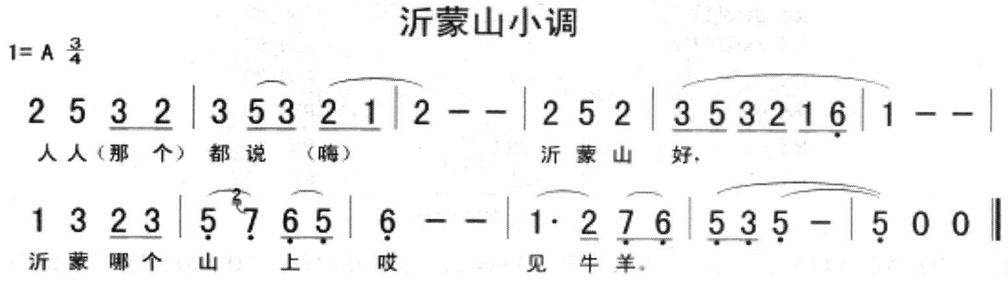

图 3-17 《沂蒙山小调》的简谱

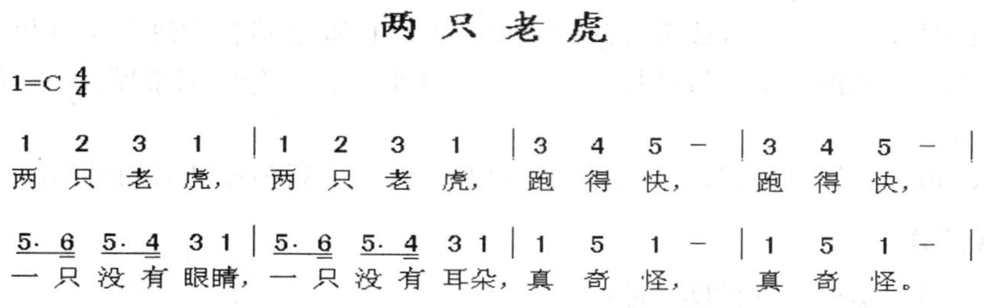

图 3-18 《两只老虎》简谱

2. 设计说明

乐曲演奏的原理：组成乐曲的每个音符的频率值(音调)及其持续时间(音长)是乐曲能连续演奏所需的两个基本数据，因此只要控制输出到扬声器的激励信号频率的高低和持续的时间，就可以使扬声器发出连续的乐曲声。

1) 音调的控制

简谱中音名与音频的对应关系如图 3-19 所示。

```
音调频率如下: 0--低音, 1--中音, 2--高音
0音1:262   0音2:294   0音3:330   0音4:349   0音5:392   0音6:440   0音7:494
1音1:523   1音2:587   1音3:659   1音4:698   1音5:784   1音6:880   1音7:988
2音1:1047  2音2:1175  2音3:1319  2音4:1397  2音5:1568  2音6:1760  2音7:1976
```
图 3-19　简谱中音名与音频的对应关系

图 3-19 中仅列出了低音、中音和高音的频率,对于比低音低八度或者比高音高八度的音,可依据两倍规则很容易地求出。所谓两倍规则,是指中音 1 是低音 1 频率的两倍,高音 1 是中音 1 的两倍,依次类推。

简谱中音频与分频值、11 位计数器的预置数(基于 1 MHz)的对应关系如图 3-20 所示。

```
音调分频比freq_div_ratio如下: 0--低音, 1--中音, 2--高音
0音1:1911  0音2:1703  0音3:1517  0音4:1432  0音5:1276  0音6:1136  0音7:1012
1音1:956   1音2:851   1音3:758   1音4:716   1音5:638   1音6:568   1音7:506
2音1:478   2音2:426   2音3:379   2音4:358   2音5:319   2音6:284   2音7:253
音调预置数ToneIndex如下: 0--低音, 1--中音, 2--高音
0音1:137   0音2:345   0音3:531   0音4:616   0音5:772   0音6:912   0音7:1036
1音1:1092  1音2:1197  1音3:1290  1音4:1332  1音5:1410  1音6:1480  1音7:1542
2音1:1570  2音2:1622  2音3:1669  2音4:1690  2音5:1729  2音6:1764  2音7:1795
```
图 3-20　简谱中音频与分频预置数的对应关系

音名与音频的对应关系,以及计算音频与分频值、11 位计数器的预置数的对应关系可由程序计算得出,相应的 C 语言程序代码如例 3-6 所示。

【例 3-6】　计算分频比与分频预置数的程序。

程序代码如下:

```c
//音名与音调之间对应关系的计算程序
#include <stdio.h>
#include "math.h"
#define N 3
#define M 7
main()
{
  int i,j;
  double a[N][M]={0.0},freq_div_ratio[N][M]={0.0},ToneIndex[N][M]={0.0};
                                    //频率,分频比,预置数
  double ratio,counter_11,freq=12000000;      //freq 为系统频率,12 MHz
  ratio=pow(2.0,1.0/12);
  printf("ratio=%lf\n",ratio);
  //计算低音 1、2、3、4、5、6、7
  a[0][5]=440.0;
  a[0][6]=a[0][5]*ratio*ratio;
```

```
a[0][4]=a[0][5]/ratio/ratio;
a[0][3]=a[0][4]/ratio/ratio;
a[0][2]=a[0][3]/ratio;
a[0][1]=a[0][2]/ratio/ratio;
a[0][0]=a[0][1]/ratio/ratio;
//计算中音和高音 1、2、3、4、5、6、7
for(i=1;i<=2;i++)
{
    for(j=0;j<7;j++)
    {
        a[i][j]=a[i-1][j]*2;
    }
}
//打印低中高音 1、2、3、4、5、6、7
printf("音调频率如下：0--低音，1--中音，2--高音\n");
for(i=0;i<=2;i++)
{
    for(j=0;j<7;j++)
    {
        printf("%d 音%d:%.0lf   ",i,j+1,a[i][j]);
    }
    printf("\n");
}


//计算各音调的分频值
counter_11=pow(2.0,11);          //分频值对应的位数为 11 位即可，该位数由系统
                                 //频率分频后的频率决定
freq=freq/(12*2);       //12 MHz，12 分频，再 2 分频
printf("音调分频比 freq_div_ratio 如下：0--低音，1--中音，2--高音\n");
for(i=0;i<=2;i++)
{
    for(j=0;j<7;j++)
    {
        freq_div_ratio[i][j]=freq/a[i][j];
        printf("%d 音%d:%.0lf   ",i,j+1,freq_div_ratio[i][j]);
    }
    printf("\n");
}
//计算各音调的分频值相对应的预置数
```

```
    printf("音调预置数 ToneIndex 如下：0--低音，1--中音，2--高音\n");
    for(i=0;i<=2;i++)
    {
        for(j=0;j<7;j++)
        {
            ToneIndex[i][j]=counter_11-freq_div_ratio[i][j];
            printf("%d 音%d:%.0lf    ",i,j+1,ToneIndex[i][j]);
        }
        printf("\n");
    }
}
```

2) 音长的控制

音乐中的音除了有高低之分外，还有长短之分。如何记录音的长短呢？简谱中用一条横线"—"在音符的右面或下面来标注音的长短。表 3-1 列出了常用音符和它们的长度标记。

表 3-1　常用音符及其长度标记

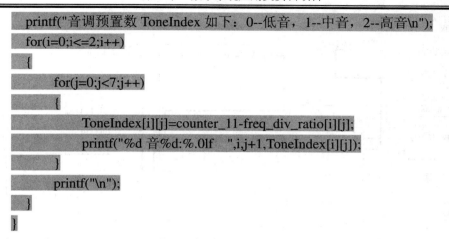

音符名称	写　法	时　值
全音符	5 — — —	四拍(可设为 1 s)
二分音符	5 —	二拍
四分音符	5	一拍
八分音符	5̲	半拍
十六分音符	5̳	四分之一拍
三十二分音符	5̲̳	八分之一拍

从表中可以看出横线有记在音符后面的，也有记在音符下面的，横线标记的位置不同，被标记的音符的时值也不同。从表中可以发现一个规律，即要使音符时值延长，在四分音符右边加横线"—"，这时的横线叫延时线，延时线越多，音持续的时间(时值)越长。

记在音符右边的小圆点称为附点，表示增加前面音符时值的一半，带附点的音符叫附点音符。例如：四分附点音符 5· = 5 + 5̲，八分附点音符 5̲· = 5̲ + 5̳。

音乐中除了有音的高低、长短之外，也有音的休止。表示声音休止的符号叫休止符，用"0"标记。每增加一个 0，就增加一个四分休止符时值。

3. 设计模块

本设计可由 6 个模块实现，如图 3-21 所示。U1 是分频模块，得到的 clk_100 Hz 和 clk_8 Hz 分别用于按键处理和作为基准音长；U2 是选曲模块，用来得到曲目号码；U3 模块输出所选曲目的音符，并通过数码管和 LED 灯显示音符；U4 模块用以获得数码管显示的段码；U5 模块根据音符选取分频预置数；U6 模块根据分频预置数得到音符的频率并传送至扬声器，输出美妙的音乐。在图 3-21 中，U3 模块类似于弹琴的人的手指，U5 模块类似于琴键，U6 模块类似于琴弦或音调发声器。

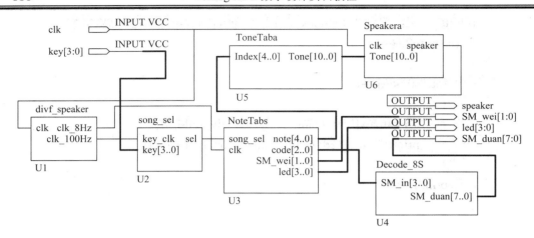

图 3-21　乐曲演奏硬件电路模块端口框图

与利用微处理器(CPU 或 MCU)来实现乐曲演奏相比，以纯硬件完成乐曲演奏电路的逻辑设计要复杂得多，如果不借助于功能强大的 EDA 工具和硬件描述语言，仅凭传统的数字逻辑技术，即使最简单的演奏电路也难以实现。

4. 代码分析

【例 3-7】　乐曲演奏电路的 Verilog HDL 描述。

程序代码如下：

```
//硬件演奏电路顶层设计
module songer_top(clk,key,SM_duan,SM_wei,led,lcd_rs);
input clk;
input[3:0]   key;              //对两首乐曲进行选择
output[7:0] SM_duan;           //简谱码输出显示
output[1:0]SM_wei;             //使用数码管 1 显示简谱码
output[3:0] led;               //高中低八度指示: 001 为低, 010 为中, 100 为高
output lcd_rs;                 //声音输出
wire[10:0] Tone;               //预置分频数
wire[4:0] music_note;          //简谱中的音符
wire clk_8Hz;                  //节拍频率信号
wire sel;                      //乐曲选择信号
wire[2:0] code;                //简谱码
wire clk_100Hz;
divf_speaker U1(clk,clk_8Hz,clk_100Hz);
song_sel U2(.key_clk(clk_100Hz),.key(key),.sel(sel));
NoteTabs U3(.song_sel(sel),.clk(clk_8Hz),.note(music_note),.code(code),
            .SM_wei(SM_wei),.led(led));
Decode_8S U4(code,SM_duan);
ToneTaba U5(.Index(music_note),.Tone(Tone));
```

```verilog
Speakera U6(.clk(clk),.Tone(Tone),.speaker(lcd_rs));
endmodule
//分频模块，clk_100Hz 用于按键处理，clk_8Hz 作为基准音长
module divf_speaker(clk,clk_8Hz,clk_100Hz);
input clk;
output reg clk_8Hz,clk_100Hz;
  integer p,q;
  always @(posedge clk)
    begin
      if(p==25000000/4-1)
        begin clk_8Hz=~clk_8Hz;p<=0; end
      else p<=p+1;
        if(q==250000-1)
          begin clk_100Hz=~clk_100Hz;q<=0; end
      else q<=q+1;
    end
endmodule
//选曲模块
module song_sel(key_clk,key,sel);
input key_clk;
input[3:0] key;
output reg sel;
reg[3:0] key_temp,key_temp0;
always @(posedge key_clk)
  begin
    key_temp<=key_temp0; key_temp0<=key;    //间隔 10 ms，去抖
    if((key_temp==key_temp0)&(key_temp0!=key))
        if(key_temp[3]==0) sel=sel+1'b1;
  end
endmodule
//产生音乐声音模块
module Speakera(clk,Tone,speaker);
input clk;
input[10:0] Tone;      //分频预置数，跟音调相匹配
output reg speaker;       //声音输出
reg PreCLK, FullSpkS;
always @(posedge clk)
  begin:DivideCLK
    reg[6:0] count;
```

```verilog
      PreCLK <= 0;   //将 CLK 进行 25 分频，PreCLK 为 CLK 的 25 分频
      if(count>24)
         begin PreCLK <= 1; count=0; end
      else
          count=count+1;
   end
always @(posedge PreCLK)
  begin:GenSpkS     //11 位可预置计数器
     reg[10:0] Count11;
     if(Count11 == 11'h7FF)
        begin Count11 = Tone ; FullSpkS <= 1;     end
     else
        begin Count11 = Count11 + 1; FullSpkS <= 0; end
  end
always @(posedge FullSpkS)
  begin   //将输出再 2 分频，展宽脉冲，使扬声器有足够功率发音
     speaker = ~speaker;
  end
endmodule
//根据音符选取分频预置数模块
module ToneTaba(Index,Tone);
input[4:0] Index;       //音符
output reg[10:0] Tone;
//1 MHz 分频预置数，跟音符相匹配
parameter pre_divf={11'b11111111111,11'd137,11'd345,11'd531,11'd616,
        11'd773, 11'd912, 11'd1036,11'd1092,11'd1197,11'd1290,
        11'd1332,11'd1410,11'd1480,11'd1542,11'd1570,11'd1622,
        11'd1668,11'd1690,11'd1728,11'd1764,11'd1795};
reg[241:0] pre_divf_buf;
always @(Index)   //根据音符得到相应的分频数
  begin:Search
     pre_divf_buf = pre_divf;
     pre_divf_buf = pre_divf_buf<<(Index*11);
     Tone=pre_divf_buf[241:231];
  end
endmodule
//该模块选曲后输出音符，并显示
module NoteTabs(song_sel,clk,note,code,SM_wei,led);
input song_sel;           //乐曲选择信号
```

```verilog
input clk;
output reg[2:0] code;        //简谱码 0、1、2、3、4、5、6、7
output reg[1:0] SM_wei;      //数码管 1 用于显示简谱码
output reg[3:0] led;         //指示高音、中音、低音
output reg[4:0] note;        //乐曲曲谱中的音符输出:0～21
//将整首乐曲记录在一个参数里：每一个音符用{高中低音,简谱码}表示
//——2 位高中低音：00 表示低音,01 表示中音,10 表示高音;
//3 位简谱码对应 0/1/2/3/4/5/6/7
parameter music1={{2'd1,3'd2},{2'd1,3'd2},{2'd1,3'd5},{2'd1,3'd5},{2'd1,3'd3},
        {2'd1,3'd2},{2'd1,3'd3},{2'd1,3'd3},{2'd1,3'd5},{2'd1,3'd3},{2'd1,3'd2},{2'd1,3'd1},
        {2'd1,3'd2},{2'd1,3'd2},{2'd1,3'd2},{2'd1,3'd2},{2'd1,3'd2},{2'd1,3'd2},
        {2'd1,3'd2},{2'd1,3'd2},{2'd1,3'd5},{2'd1,3'd5},{2'd1,3'd2},{2'd1,3'd2},
        {2'd1,3'd3},{2'd1,3'd5},{2'd1,3'd3},{2'd1,3'd2},{2'd1,3'd1},{2'd1,3'd6},
        {2'd1,3'd1},{2'd1,3'd1},{2'd1,3'd1},{2'd1,3'd1},{2'd1,3'd1},{2'd1,3'd1},
        {2'd1,3'd1},{2'd1,3'd2},{2'd1,3'd3},{2'd1,3'd3},{2'd1,3'd2},{2'd1,3'd3},
        {2'd1,3'd5},{2'd1,3'd5},{2'd1,3'd7},{2'd1,3'd7},{2'd1,3'd6},{2'd1,3'd5},
        {2'd1,3'd6},{2'd1,3'd6},{2'd1,3'd6},{2'd1,3'd6},{2'd1,3'd6},{2'd1,3'd6},
        {2'd1,3'd1},{2'd1,3'd1},{2'd1,3'd2},{2'd1,3'd2},{2'd1,3'd7},{2'd1,3'd6},
        {2'd1,3'd5},{2'd1,3'd3},{2'd1,3'd5},{2'd1,3'd5},{2'd1,3'd5},{2'd1,3'd5},
        {2'd1,3'd5},{2'd1,3'd5},{2'd1,3'd0},{2'd1,3'd0},{2'd1,3'd0},{2'd1,3'd0}};
parameter music2={{2'd1,3'd1},{2'd1,3'd1},{2'd1,3'd1},{2'd1,3'd1},
        {2'd1,3'd2},{2'd1,3'd2},{2'd1,3'd2},{2'd1,3'd2},
        {2'd1,3'd3},{2'd1,3'd3},{2'd1,3'd3},{2'd1,3'd3},
        {2'd1,3'd1},{2'd1,3'd1},{2'd1,3'd1},{2'd1,3'd1},
        {2'd1,3'd1},{2'd1,3'd1},{2'd1,3'd1},{2'd1,3'd1},
        {2'd1,3'd2},{2'd1,3'd2},{2'd1,3'd2},{2'd1,3'd2},
        {2'd1,3'd3},{2'd1,3'd3},{2'd1,3'd3},{2'd1,3'd3},
        {2'd1,3'd1},{2'd1,3'd1},{2'd1,3'd1},{2'd1,3'd1},
        {2'd1,3'd3},{2'd1,3'd3},{2'd1,3'd3},{2'd1,3'd3},
        {2'd1,3'd4},{2'd1,3'd4},{2'd1,3'd4},{2'd1,3'd4},
        {2'd1,3'd5},{2'd1,3'd5},{2'd1,3'd5},{2'd1,3'd5},
        {2'd1,3'd5},{2'd1,3'd5},{2'd1,3'd5},{2'd1,3'd5},
        {2'd1,3'd3},{2'd1,3'd3},{2'd1,3'd3},{2'd1,3'd3},
        {2'd1,3'd4},{2'd1,3'd4},{2'd1,3'd4},{2'd1,3'd4},
        {2'd1,3'd5},{2'd1,3'd5},{2'd1,3'd5},{2'd1,3'd5},
        {2'd1,3'd5},{2'd1,3'd5},{2'd1,3'd5},{2'd1,3'd5},
        {2'd1,3'd5},{2'd1,3'd5},{2'd1,3'd5},{2'd1,3'd6},
        {2'd1,3'd5},{2'd1,3'd5},{2'd1,3'd5},{2'd1,3'd4},
        {2'd1,3'd3},{2'd1,3'd3},{2'd1,3'd3},{2'd1,3'd3},
```

```
          {2'd1,3'd1},{2'd1,3'd1},{2'd1,3'd1},{2'd1,3'd1},
          {2'd1,3'd5},{2'd1,3'd5},{2'd1,3'd5},{2'd1,3'd6},
          {2'd1,3'd5},{2'd1,3'd5},{2'd1,3'd5},{2'd1,3'd4},
          {2'd1,3'd3},{2'd1,3'd3},{2'd1,3'd3},{2'd1,3'd3},
          {2'd1,3'd1},{2'd1,3'd1},{2'd1,3'd1},{2'd1,3'd1},
          {2'd1,3'd1},{2'd1,3'd1},{2'd1,3'd1},{2'd1,3'd1},
          {2'd1,3'd5},{2'd1,3'd5},{2'd1,3'd5},{2'd1,3'd5},
          {2'd1,3'd1},{2'd1,3'd1},{2'd1,3'd1},{2'd1,3'd1},
          {2'd1,3'd1},{2'd1,3'd1},{2'd1,3'd1},{2'd1,3'd1},
          {2'd1,3'd1},{2'd1,3'd1},{2'd1,3'd1},{2'd1,3'd1},
          {2'd1,3'd5},{2'd1,3'd5},{2'd1,3'd5},{2'd1,3'd5},
          {2'd1,3'd1},{2'd1,3'd1},{2'd1,3'd1},{2'd1,3'd1},
          {2'd1,3'd1},{2'd1,3'd1},{2'd1,3'd1},{2'd1,3'd1}};
reg[359:0] buf_music1;
reg[639:0] buf_music2;
parameter s0=1'b0,s1=1'b1;
reg state1,state2;
reg[9:0] cnt;        //计数器的位数应该根据存放音乐的长度进行调整
always @(posedge clk)
  begin
    if(song_sel)      //多首曲子通过按键进行选择
      begin
        case(state1)
          s0: begin buf_music1[359:0]<=music1;state1<=s1; cnt<=0; end
          s1: if(cnt==(360/5-1)) begin cnt<=0; state1<=s0; end
              else begin cnt<=cnt+1;buf_music1[359:0]<=buf_music1[359:0]<<5; end
          default: state1<=s0;
        endcase
        note=buf_music1[357:355]+7*buf_music1[359:358];
        code=buf_music1[357:355];
        SM_wei=2'b01;
        led=(buf_music1[359:358]==2'b00)?4'b0001:((buf_music1[359:358]==2'b01)?
            4'b0010:((buf_music1[359:358]==2'b10)?4'b0100:4'b0000));
      end
    else
      begin
        case(state2)
          s0: begin buf_music2[639:0]<=music2;state2<=s1; cnt<=0; end
          s1: if(cnt==(640/5-1)) begin cnt<=0; state2<=s0; end
```

```
                else begin cnt<=cnt+1;buf_music2[639:0]<=buf_music2[639:0]<<5; end
            default: state2<=s0;
        endcase
        note=buf_music2[637:635]+7*buf_music2[639:638];
        code=buf_music2[637:635];
        SM_wei=2'b01;
        led=(buf_music2[639:638]==2'b00)?4'b0001:((buf_music2[639:638]==2'b01)?
            4'b0010:((buf_music2[639:638]==2'b10)?4'b0100:4'b0000));
    end
  end
endmodule
```

程序说明：

(1) songer_top 模块中调用了 6 个模块，divf_speaker 是分频模块，得到的 clk_100Hz 和 clk_8Hz 分别用于按键处理和作为基准音长；song_sel 是选曲模块，用来得到曲目号码；NoteTabs 模块输出所选曲目的音符，并通过数码管和 LED 灯显示音符；Decode_8S 模块用以获得数码管显示的段码；ToneTaba 模块根据音符选取分频预置数；Speakera 模块根据分频预置数用以获得音符的频率并传送至扬声器，输出美妙的音乐。

(2) 分频预置数存放在 ToneTaba 模块的参数 pre_divf 中。ToneTaba 模块根据输入的音符，选择输出相应的分频预置数。该分频预置数是在输入为 1 MHz 的频率下得到的，而开发板的时钟源为 50 MHz，所以要使用这些分频预置数，需要先对 50 MHz 分频得到 1 MHz 频率，分频是在 Speakera 模块中完成的。

(3) 两首乐曲分别存放在 NoteTabs 模块的参数 music1 和 music2 中。如果需要播放其他乐曲，可以在 NoteTabs 模块中增加参数，如 music3、music4 等，将乐曲保存在这些参数中。

(4) NoteTabs 模块输入的是 8 Hz 的频率，即每个音调的基准停留时间为 0.125 s，恰为当全音符为 1 s 时，四四拍的八分音符的持续时间。在 NoteTabs 中设置了一个 10 位二进制计数器(计数最大值为 1024)，作为音符数据的选取信号。随着 NoteTabs 中计数器按 8 Hz 的时钟速率作加法计数，music 中的音符不断被选择输出，乐曲就开始连续地演奏起来。

(5) 音符的频率可以由 Speakera 模块获得。Speakera 模块的 clk 端输入 50 MHz 的频率信号，通过 Speakera 模块分频后得到 2 MHz 的 PreCLK 输出。由于直接从数控分频器中出来的输出信号是脉宽极窄的脉冲式信号，为了有利于驱动扬声器，需另加一个 D 触发器以均衡其占空比，但这时的频率将是原来的 1/2。Speakera 模块对 clk 端输入信号的分频比由 11 位预置数 Tone[10..0]决定。speaker 的输出频率将决定每一音符的音调，这样，分频预置值 Tone[10..0] 与 speaker 的输出频率就有了对应关系。例如，在 ToneTaba 模块中若取 Tone[10..0]=1036，将发出音符为"3"的音的信号频率。

(6) 音符的持续时间须根据乐曲的速度及每个音符的节拍数来确定，图 3-21 中 ToneTaba 模块的功能首先是为 Speakera 模块提供决定所发音符的分频预置数，而此数在 speaker 输入口停留的时间即此音符的节拍值。ToneTaba 模块是乐曲简谱码对应的分频预置数查表电路，其中设置了高音、中音、低音全部音符所对应的分频预置数，共 21 个，每一音符的停留时间由音乐节拍和音调发生器模块 ToneTaba 的 clk 端的输入频率决定，在此为 8 Hz。这 21 个值的输出由对应于 ToneTaba 的 5 位输入值 Index[4..0]确定。

5. 硬件验证

将设计下载到实验开发系统中，观察实际运行情况。引脚锁定情况如图 3-22 所示。

SM_duan[7]	Output	PIN_106
SM_duan[6]	Output	PIN_105
SM_duan[5]	Output	PIN_104
SM_duan[4]	Output	PIN_103
SM_duan[3]	Output	PIN_102
SM_duan[2]	Output	PIN_101
SM_duan[1]	Output	PIN_99
SM_duan[0]	Output	PIN_97
SM_wei[1]	Output	PIN_151
SM_wei[0]	Output	PIN_107
clk	Input	PIN_23
key[3]	Input	PIN_64
key[2]	Input	PIN_63
key[1]	Input	PIN_61
key[0]	Input	PIN_60
lcd_rs	Output	PIN_68
led[3]	Output	PIN_90
led[2]	Output	PIN_89
led[1]	Output	PIN_88
led[0]	Output	PIN_87

图 3-22   引脚锁定情况

通过按键 4 来选择两首乐曲中的一首播放。每按一次按键 4，则停止当前乐曲的播放，转去播放另一首乐曲。如果在 lcd_rs 引脚接一个蜂鸣器，就可以听到美妙的声音了。

在播放乐曲的过程中，数码管会显示当前正在发声的音符，LED 灯则指示该音符是高音、中音还是低音。

开发板的硬件连接以及演示效果如图 3-23 所示。图中显示正在播放中音，数码管显示 6，LED 灯显示中音。

图 3-23   开发板的硬件连接以及演示效果

6. 扩展部分

请读者思考并实现以下扩展功能：

(1) 本节设计的例子将音乐简谱全部存放在程序的参数中。当然，将乐曲存储在 ROM 中也是一个不错的选择。请读者尝试使用 ROM 来存储乐曲。

(2) 填入新的乐曲，如《梁祝》或其他熟悉的乐曲。操作步骤如下：在 NoteTabs 模块中增加一个参数，如 parameter music3，用来存放乐曲的音符；根据乐曲的长短，合理设置 NoteTabs 模块中计数器的位数，如 10 位时可达 1024 个基本节拍。

(3) 在 NoteTabs 模块中添加多首歌曲，并且实现手动或自动选择歌曲(推荐"梁祝"和《难忘今宵》，简谱如图 3-24 和图 3-25 所示)。

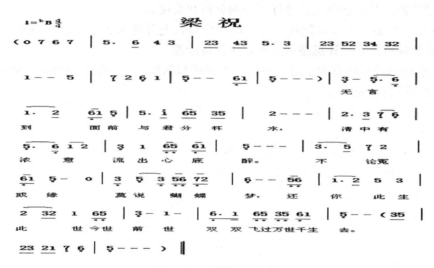

图 3-24　《梁祝》简谱

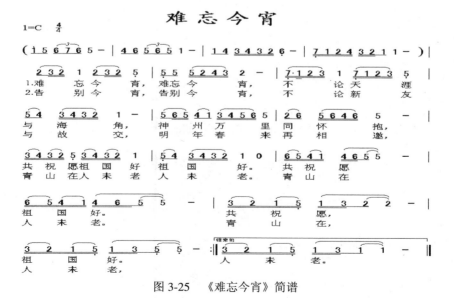

图 3-25　《难忘今宵》简谱

(4) 通过一个按键实现多首乐曲的选曲。(提示：每按一次按键则选择下一首，在播放最后一首时，如再按下此按键，则从第一首开始播放。)

(5) 结合本项目，查阅电子琴相关知识并设计一个简易电子琴。

3.6　小　　结

本章主要讨论了以下知识点：

(1) 本章在第 2 章按键、LED、数码管、LCD、UART 等接口项目开发的基础上，精选了几个数字系统设计项目，包括序列检测器、多功能计算器、求最大公因数、多功能数字钟和音乐播放器，并对这些项目进行了详细分析和实现。

(2) 本章项目最大限度地发挥了开发板的作用，充分利用了开发板有限的接口资源，是比较经典的项目，其设计思路和实现方法值得借鉴。

(3) 扩展部分的实现有助于对项目的深入理解和掌握，也有助于延伸项目的应用范围，感兴趣的读者可自行完成。

Nios Ⅱ 处理器实训项目

本章首先详细介绍一个简单的 Nios Ⅱ 系统工程，包括新建、编译、运行等步骤，然后在此基础上介绍基于 Nios Ⅱ 处理器的两个项目的设计：基于 Nios Ⅱ 处理器的 PIO 核的应用、基于 Nios Ⅱ 处理器的 UART 核的应用。

4.1　基于 Nios Ⅱ 系统的设计流程

1. Nios Ⅱ 处理器简介

20 世纪 90 年代末，可编程逻辑器件(PLD)的复杂度已经能够在单个可编程器件内实现整个系统，即在一个芯片中实现用户定义的系统。2000 年，Altera 公司发布了 Nios 处理器，这是 Altera 嵌入式处理器计划中的第一个产品，是第一款用于可编程逻辑器件的可配置的软核处理器。在 Nios 之后，Altera 公司于 2003 年 3 月又推出了 Nios 的升级版——Nios 3.0 版，它能在高性能的 Stratix 或低成本的 Cyclone 芯片上实现。

第一代的 Nios 已经体现出了嵌入式软核的强大优势，但是还不够完善。它没有提供软件开发的集成环境，用户需要在 Nios SDK Shell 中以命令行的形式执行软件的编译、运行、调试，程序的编辑、编译、调试都是分离的，而且还不支持对项目的编译。这对用户来说不够方便，还需要功能更为强大的软核处理器和开发环境。

2004 年 6 月，Altera 公司在继全球范围内推出 Cyclone Ⅱ 和 Stratix Ⅱ 器件系列后，又推出了支持这些新款 FPGA 系列的 Nios Ⅱ 嵌入式处理器。Nios Ⅱ 嵌入式处理器在 Cyclone Ⅱ FPGA 中，允许设计者在很短的时间内构建一个完整的可编程芯片系统。它与 2000 年上市的原产品 Nios 相比，其最大处理性能提高了 3 倍，CPU 内核部分的面积缩小了一半。

使用 Altera Nios Ⅱ 处理器和 FPGA，用户可以实现在处理器、外设、存储器和 I/O 接口方面的合理组合。Nios Ⅱ 系统的性能可以根据应用来裁减，与固定的处理器相比，在较低的时钟速率下具备了更高的性能。嵌入式系统设计人员总是坚持不懈地寻找降低系统成本的方法，然而，选择一款处理器，在性能和特性上总是与成本存在着冲突，而最终结果总是以增加系统成本为代价的。利用 Nios Ⅱ 处理器则可以降低研发成本，加快产品上市时间。

Nios Ⅱ 系列嵌入式处理器使用 32 位的指令集结构(ISA)，它是建立在第一代 16 位 Nios 处理器的基础上的，定位于广泛的嵌入式应用。Nios Ⅱ 处理器系列包括三种内核——快速的(Nios Ⅱ/f)、经济的(Nios Ⅱ/e)和标准的(Nios Ⅱ/s)，针对不同的性能和应用成本。使用 Altera 的 Quartus Ⅱ 软件、SOPC Builder 工具以及 Nios Ⅱ 集成开发环境(IDE)，用户可以轻松地将 Nios Ⅱ 处理器嵌入到它们的系统中。

表 4-1、表 4-2 和表 4-3 分别列出了 Nios Ⅱ 处理器的特性、成员及其支持的 FPGA。

表 4-1　Nios Ⅱ 嵌入式处理器的特性

种　类	特　性
CPU 结构	32 位指令集
	32 位数据线宽度
	32 个通用寄存器
	32 个外部中断源
	2 GB 寻址空间
片内调试	基于边界扫描测试(JTAG)的调试逻辑、支持硬件断点、数据触发以及片外和片内的调试跟踪
定制指令	最多达 256 个用户定义的 CPU 指令
软件开发工具	Nios Ⅱ 的集成化开发环境(IDE)
	基于 GNU 的编译器
	硬件辅助的调试模块

表 4-2　Nios Ⅱ 系列处理器成员

内　核	说　明
Nios Ⅱ /f (快速)	最高性能的优化
Nios Ⅱ /e (经济)	最小逻辑占用的优化
Nios Ⅱ /s (标准)	平衡性能和尺寸。Nios Ⅱ/s 内核不仅比最快的第一代的 Nios CPU 更快，而且比最小的第一代的 Nios CPU 还要小

表 4-3　Nios Ⅱ 嵌入式处理器支持的 FPGA

器　件	说　明	设计软件
Stratix Ⅱ	最高的性能，最高的密度，特性丰富，并带有大量存储器的平台	
Stratix	高性能，高密度，特性丰富并带有大量存储器的平台	
Stratix GX	高性能的结构，内置高速串行收发器	Quartus Ⅱ
Cyclone	低成本的 ASIC 替代方案，适合价格敏感的应用	
HardCopy Stratix	业界第一个结构化的 ASIC，是广泛使用的传统 ASIC 的替代方案	

　　Nios Ⅱ 使用 Nios Ⅱ IDE 集成开发环境来完成整个软件工程的编辑、编译、调试和下载，大大提高了软件开发效率。图 4-1 所示为 Nios Ⅱ 系统开发流程，具体包括软件开发流程和硬件开发流程。

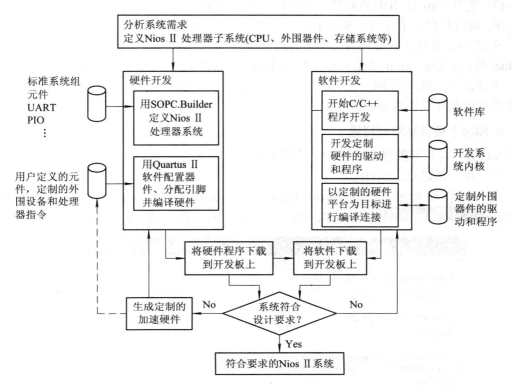

图 4-1　Nios Ⅱ 系统软、硬件开发流程

硬件开发流程包括：

(1) 用 SOPC Builder 系统综合软件选取合适的 CPU、存储器以及外围器件(如片内存储器、PIO、UART 和片外存储器接口)，并定制它们的功能。

(2) 使用 Quartus Ⅱ 软件选取具体的 Altera 可编程器件系列，并对 SOPC Builder 生成的 HDL 设计文件进行布局布线；再使用 Quartus Ⅱ 软件选取目标器件并对 Nios Ⅱ 系统上的各种 I/O 口分配引脚，另外还要根据要求进行硬件编译选项或时序约束的设置。在编译的过程中，Quartus Ⅱ 从 HDL 源文件综合生成一个适合目标器件的网表。最后，生成配置文件。

(3) 使用 Quartus Ⅱ 编程器和 Altera 下载电缆，将配置文件(用户定制的 Nios Ⅱ 处理器系统的硬件设计)下载到开发板上。下载完硬件配置文件后，软件开发者就可以把此开发板作为软件开发的初期硬件平台进行软件功能的开发验证了。

软件设计流程包括：

(1) 在用 SOPC Builder 系统集成软件进行硬件设计的同时，就可以编写独立于器件的 C/C++软件，比如算法或控制程序。用户可以使用现成的软件库和开放的操作系统内核来加快开发进程。

(2) 在 Nios Ⅱ IDE 中建立新的软件工程时，IDE 会根据 SOPC Builder 对系统的硬件配置自动生成一个定制 HAL(硬件抽象层)系统库。这个库能为程序和底层硬件的通信提供接口驱动程序。

(3) 使用 Nios Ⅱ IDE 对软件工程进行编译、调试。

(4) 将硬件设计下载到开发板上后，就可以将软件下载到开发板上并在硬件上运行。

开发 Nios Ⅱ 嵌入式处理器系统所需的软、硬件开发工具包括 Windows 操作系统，SOPC Builder 软件、Quartus Ⅱ 软件、Nios Ⅱ IDE 集成开发环境以及 FPGA 开发板等。

下面以一个简单的 Nios Ⅱ 系统工程为例，详细介绍 Nios Ⅱ 系统的软件开发流程、硬件开发流程以及开发工具的应用。

2. Nios Ⅱ 硬件环境的搭建

Nios Ⅱ 硬件环境的搭建包括如下三个步骤。

第一步：新建 Quartus Ⅱ 工程。

(1) 选择"开始→程序→Altera→Quartus Ⅱ"菜单项，打开 Quartus Ⅱ 软件，再选择 "File->New Project Wizard..."菜单项，打开新建工程对话框，如图 4-2 所示。

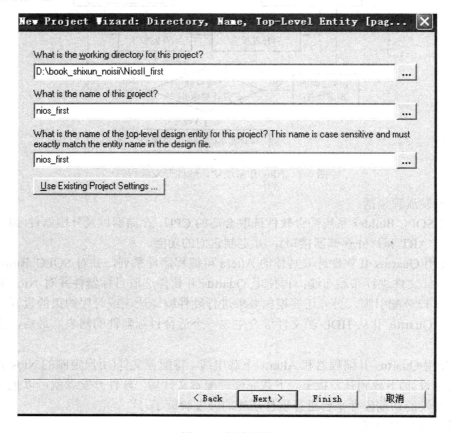

图 4-2 新建工程

(2) 在图 4-2 中，设置工程目录、工程名以及工程文件名称，然后点击 Next 按钮，出现图 4-3 所示的对话框。

(3) 由于是新建一个空白工程，所以没有任何源文件，不需要添加源文件，直接点击 Next 按钮，进入图 4-4 所示界面。

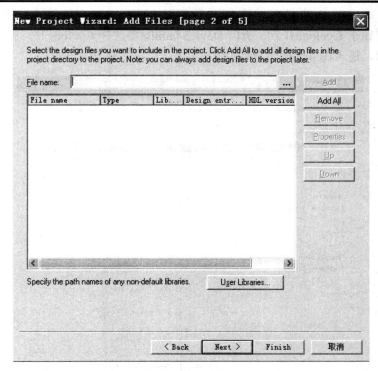

图 4-3　添加源文件

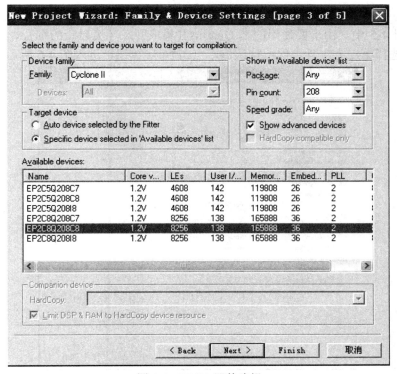

图 4-4　FPGA 器件选择

(4) 在图 4-4 所示界面中，选择开发板使用的 FPGA 器件——EP2C8Q208C8。EP2C8Q208C8 属于 Cyclone II 族，所以 Device family 要选择 Cyclone II。按图设置完成后，点击 Next 按钮，进入图 4-5 所示界面。

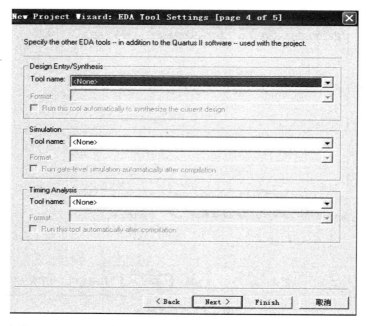

图 4-5　第三方 EDA 工具选择

(5) 在图 4-5 中，由于要使用的是 Quartus II 集成开发环境自带的综合、仿真等工具，所以不需要选择第三方工具，保留默认值，点击 Next 按钮，进入图 4-6 所示界面。

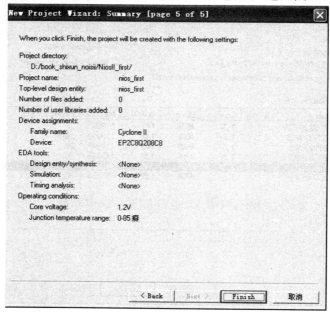

图 4-6　新建工程完成

图 4-6 显示了新建工程的相关信息，如使用的器件、工程名称、工程的顶层实体名称等信息。

第二步，生成并配置 Nios II 处理器。

(1) 在新建的 Quartus II 工程中，选择"Tools→SOPC Builder"菜单项，如图 4-7 所示。

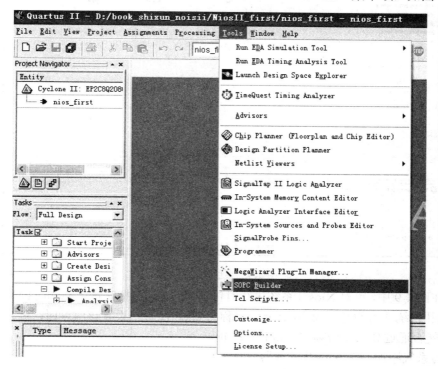

图 4-7　选择 SOPC Builder 菜单项

(2) 点击图 4-7 中的 SOPC Builder 后，弹出创建新的 Nios II 系统对话框，如图 4-8 所示。

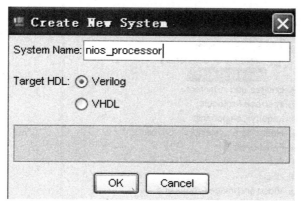

图 4-8　新建一个 Nios II 系统

(3) 在图 4-8 中，为新建的 Nios II 系统命名为"nios_processor"，然后点击 OK 按钮，进入图 4-9 所示界面。

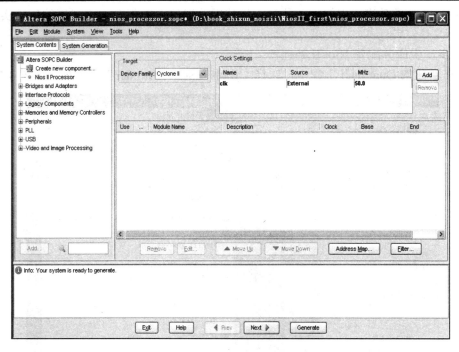

图 4-9　系统时钟设置

(4) 在图 4-9 中，可对 Nios II 系统进行时钟信号设置，包括时钟名称和时钟频率。此外，设定 Nios II 系统使用的时钟为 50 MHz，名称为 clk。注意：设置该时钟时，要考虑开发板的时钟源能否通过分频或倍频方法得到该时钟。

(5) 为系统添加一个 Nios II 处理器。

图 4-9 左上侧放大后，如图 4-10 所示。单击图中的 Nios II Processor 图标，再单击 [Add...] 按钮，或者直接双击图 4-10 中的 Nios II Processor 图标，进入图 4-11 所示界面。

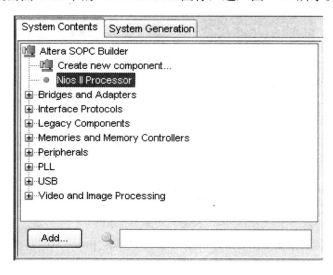

图 4-10　添加 Nios II 处理器

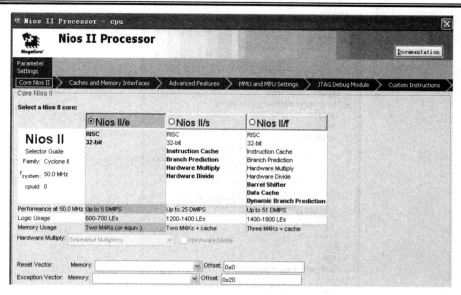

图 4-11　Nios II 处理器设置

在图 4-11 中选择 Nios II /e，处理器的其他设计均选默认值，然后点击 Finish 按钮，进入图 4-12 所示界面。

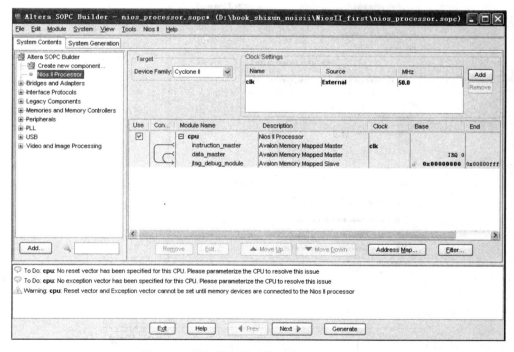

图 4-12　添加处理器后的 SOPC Builder 界面

(6) 为系统添加一个片上存储器。

单击图 4-13 中的 On-Chip Memory(RAM or ROM)项，再单击 Add... 按钮，或者直接双击图 4-13 中的 On-Chip Memory(RAM or ROM)项，进入图 4-14 所示界面。

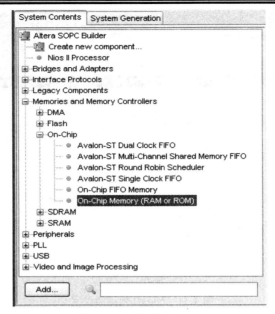

图 4-13　添加片上 RAM

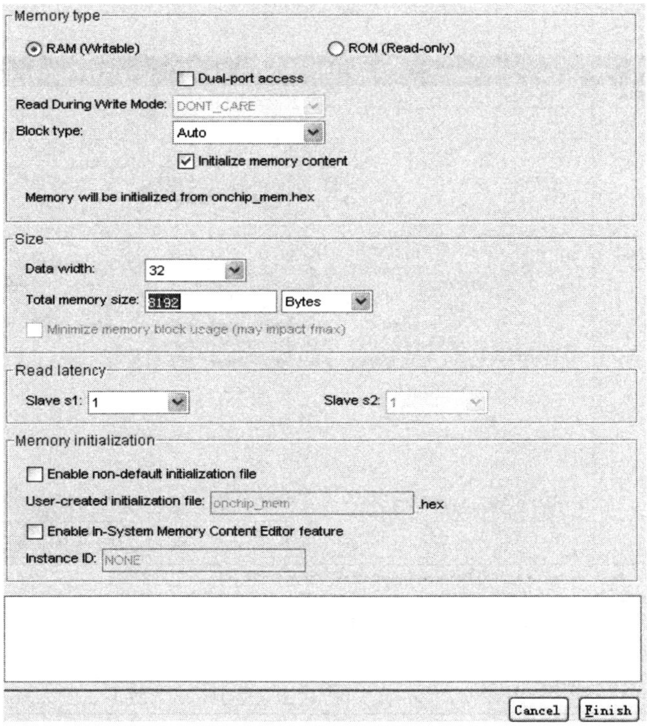

图 4-14　片上 RAM 设置

在图 4-14 中，设置片上 RAM 的大小为 8192 Bytes，其他均选默认值，然后点击 Finish 按钮完成设置。

(7) 为系统添加 JTAG UART 外设。

　　单击图 4-15 中的 JTAG UART 项，再单击 [Add...] 按钮，或者直接双击图 4-15 中的 JTAG UART 项，进入 JTAG UART Configration 设置界面，在该界面保持默认值不变，点击 Next 按钮，进入图 4-16 所示 JTAG UART Simulation 设置界面。

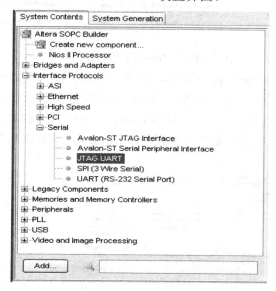

图 4-15　添加 JTAG UART 外设

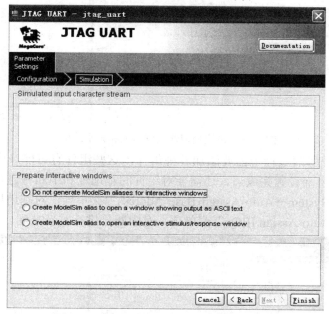

图 4-16　JTAG UART——Sminulation 设置

　　本系统不进行仿真，所以不需要产生相关的仿真文件。在图 4-16 中点选第一个选项，然后单击 Finish 按钮，完成 JTAG UART 的设置。

　　至此，Nios Ⅱ 处理器已添加三个组件，即 CPU、片上 RAM、JTAG UART，如图 4-17 所示。

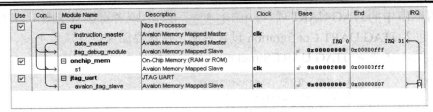

图 4-17　Nios Ⅱ 处理器结构

(8) 双击图 4-17 中的 cpu，打开如图 4-18 所示界面，继续对处理器进行设置。由于在 Nois Ⅱ 处理器中已经添加了存储器组件，因此可以设置处理器的复位地址和异常地址。具体设置如图 4-18 所示，由于仅有一个存储器 onchip_mem，所以在 Reset Vector 和 Exception Vector 选项的 Memory 下拉列表框中均选择 onchip_mem，其他选项保持默认值。

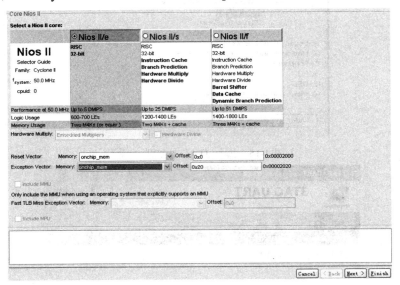

图 4-18　设置处理器复位地址和异常地址

(9) 在配置处理器的过程中需要添加各种组件，这些组件有可能产生地址重合和中断号的冲突，因此在全部设置完成后，还需要对组件的基地址和中断号进行重新分配。如图 4-19 所示，选择 "System→Auto-Assign Base Address" 菜单项，对基地址进行重新分配，再选择 "System→Auto-Assign IRQs" 菜单项，对中断号进行重新分配。

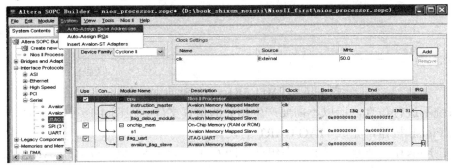

图 4-19　重新分配基地址和中断号

重新分配组件的基地址和中断号后，得到的 Nios II 处理器如图 4-20 所示。

Use	Con...	Module Name	Description	Clock	Base	End	IRQ
☑		⊟ cpu	Nios II Processor				
		instruction_master	Avalon Memory Mapped Master	clk			
		data_master	Avalon Memory Mapped Master		IRQ 0	IRQ 31	
		jtag_debug_module	Avalon Memory Mapped Slave		0x00004800	0x00004fff	
☑		⊟ onchip_mem	On-Chip Memory (RAM or ROM)				
		s1	Avalon Memory Mapped Slave	clk	0x00002000	0x00003fff	
☑		⊟ jtag_uart	JTAG UART				
		avalon_jtag_slave	Avalon Memory Mapped Slave	clk	0x00005000	0x00005007	0

图 4-20　Nios II 处理器结构(重新分配基地址和中断号)

(10) 单击 Generate 按钮，在弹出的保存对话框中选择 Save 按钮，则开始生成刚刚配置的 Nios II 处理器。当出现 "System generation was successful" 提示时，说明 Nios II 系统生成成功，单击 Exit 按钮，返回 Quartus II 软件界面。

第三步：在 Quartus II 中建立应用 Nios II 处理器的工程。

(1) 选择 "File→New" 菜单项，弹出如图 4-21 所示对话框。

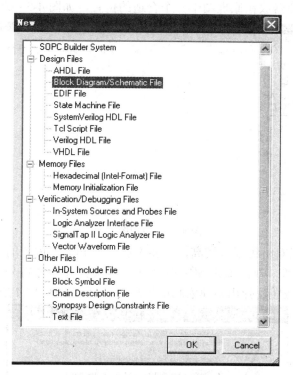

图 4-21　建立原理图文件

(2) 单击 OK 按钮，出现原理图设计界面。双击空白处打开添加符号对话框，如图 4-22 所示。在右侧展开 Project 后点击 nios_processor 项，加入刚刚创建的 Nios II 处理器，然后点击 OK 按钮，退出符号对话框。

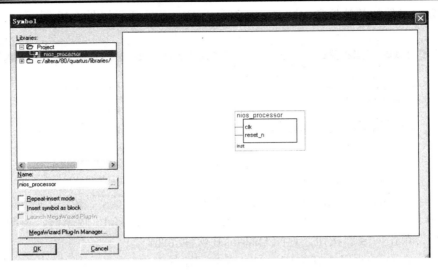

图 4-22　添加 nios_processor

(3) 将 Nios Ⅱ 处理器放在原理图中一个合适的位置，如图 4-23 所示。

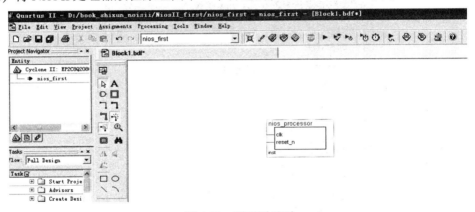

图 4-23　原理图界面

(4) Nios Ⅱ 处理器对时钟要求较高，需要添加一个 FPGA 内置的 PLL 来对外部输入的 50 MHz 时钟进行处理。双击原理图空白区域，再次打开添加符号对话框，点击图中的 MegaWizard Plug-In Manager... 按钮，弹出新建宏功能模块对话框，如图 4-24 所示。

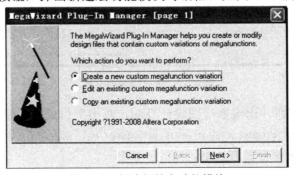

图 4-24　创建新的宏功能模块

(5) 作出图 4-24 所示选择后，点击 Next 按钮进入图 4-25 所示界面。

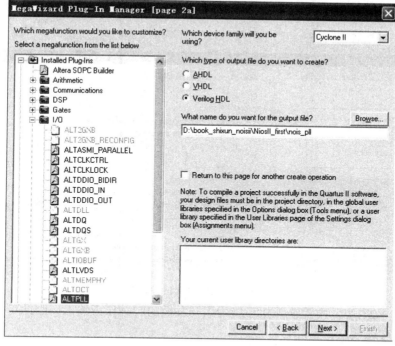

图 4-25　添加 PLL 模块

(6) 按图 4-25 所示进行相应的选择，并设置输出文件名 nois_pll，然后单击 Next 按钮进入锁相环设置界面。在锁相环设置界面，修改图 4-26、图 4-27 和图 4-28 中的可选输入信号和输出频率，其他均保持默认值。

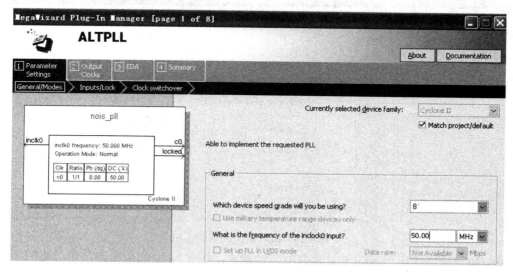

图 4-26　PLL 输入频率设置

(7) 在图 4-26 中，根据开发板的时钟源频率，将输入 inclk0 的频率设置为 50 MHz。

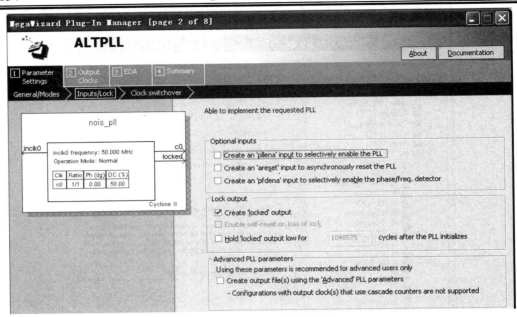

图 4-27　PLL 可选信号设置

(8) 在图 4-27 中，由于该锁相环仅用到开发板的时钟作为输入，因此可取消 Optional inputs 中的所有选项。

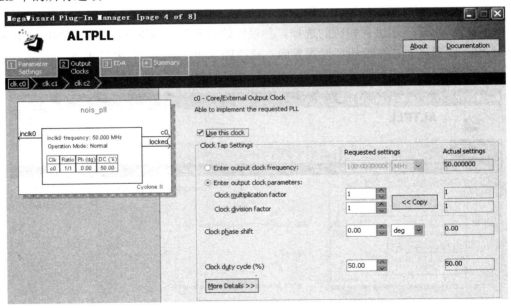

图 4-28　PLL 输出频率设置

(9) 输出频率即用于 Nios II 处理器的时钟频率，图 4-28 中的倍频因子和分频因子等参数需要根据开发板时钟源频率以及输出频率确定，然后单击 Finish 按钮完成新建的 PLL。

(10) 点击 OK 按钮，将 PLL 加入到原理图中，随后在原理图中再加入一个输入，并修改 pin_name、nois_pll、nios_processor 三个属性，属性修改如图 4-29 所示。

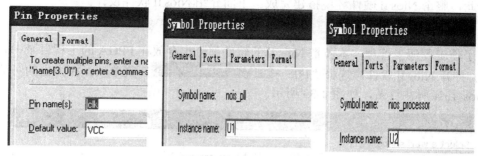

图 4-29　修改元件属性

　　修改属性的方法是将鼠标放置在需要修改的元素上，点击右键，则弹出一个对话框，然后点击![Properties]，即进入属性修改页面。

　　修改后的原理图如图 4-30 所示。

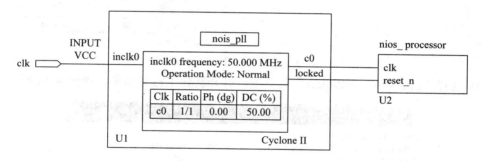

图 4-30　修改元件属性后的原理图

　　(11) 保存工程，在提示对话框中将原理图命名为 nios_first，然后单击▶对工程进行编译。编译无误后，再为输入 clk 锁定引脚。选择"Assignments→Pins"菜单项，在弹出的对话框中对引脚进行设置，设置完成后如图 4-31 所示。

Node Name	Direction	Location
clk	Input	PIN_23

图 4-31　引脚锁定

　　(12) 单击▶对工程进行编译，编译后生成 nios_first.sof 文件，将该文件下载到 FPGA 中，下载成功后的界面如图 4-32 所示。

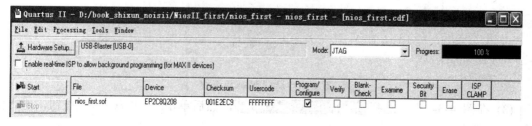

图 4-32　将程序下载到 FPGA

至此，整个 Nios II 硬件环境搭建完成。下面介绍 Nios II 软件设计。

3. Nios II 软件设计

为了使工程便于管理，本节把 Nios II 的软件部分也存放在 FPGA 的工程目录中。

(1) 打开 Nios II 软件，选择"File→ `Switch Workspace...`"菜单项，在弹出的对话框中选择 nios_first 所在目录，如图 4-33 所示。

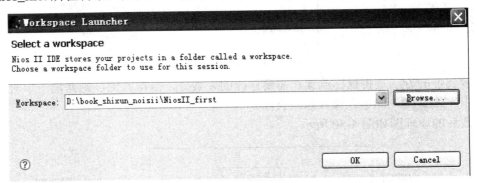

图 4-33　设置 Nios II 软件存放目录

(2) 选择"File→New→Project"菜单项，打开新建工程对话框，如图 4-34 所示。

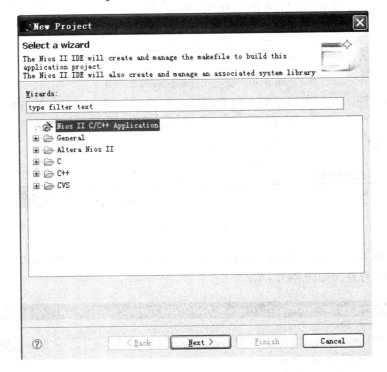

图 4-34　新建 Nios II 工程

(3) 在图 4-34 中，选择 `Nios II C/C++ Application`，然后单击 `Next >` 按钮，进入图 4-35 所示界面。

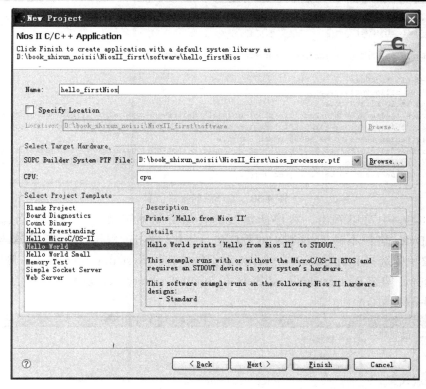

图 4-35　Nios Ⅱ 工程设置

(4) 在图 4-35 中，选择工程模板为 Hello World；选择目标硬件为刚刚创建的 Nios Ⅱ 处理器，可通过在 SOPC Builder System PTF File 下拉列表框中选择 nios_processor.ptf，如果下拉列表框中没有，则需要通过 Browse 按钮进行浏览选择；为此工程命名为 hello_firstNios。

(5) 点击 Finish 按钮，完成 Nios Ⅱ 工程的创建。在此工程中，已经完成了一个简单的程序设计，如例 4-1 所示。

【例 4-1】　hello_world.c 文件。

程序代码如下：

```c
#include <stdio.h>
int main()
{
    printf("Hello from Nios II!\n");
    return 0;
}
```

例 4-1 这段程序的功能是向 jtag_uart 调试口输出"Hello from Nios II!"。实际应用中，设计需求可能有所不同，此时需要根据设计需求，进一步修改 hello_world.c 文件，以完成相应的功能。对于本例，我们不作任何修改，直接编译、运行，观察程序的运行结果。

(6) 选择"Project→Build Project"菜单项或者选择工具栏上的图标 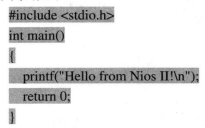 编译整个工程。编译后不久，出现报错信息，如图 4-36 所示。

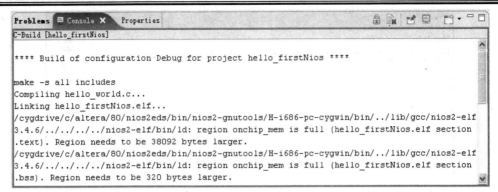

图 4-36　编译后的报错信息

从图 4-36 中可以看出，程序所需的存储空间不够，也就是说我们选用的片上 RAM(8192Bytes)容量不够，下面我们对程序进行优化。右击工程导航的 `hello_firstNios_syslib [nios_processor]`，在弹出的菜单中选择 Properties，在弹出的对话框中选择 System Library，在右侧取消 Clean exit 项的选择，勾选 Reduce device drivers 和 Small C library 项，以减少工程的代码，设置界面如图 4-37 所示。

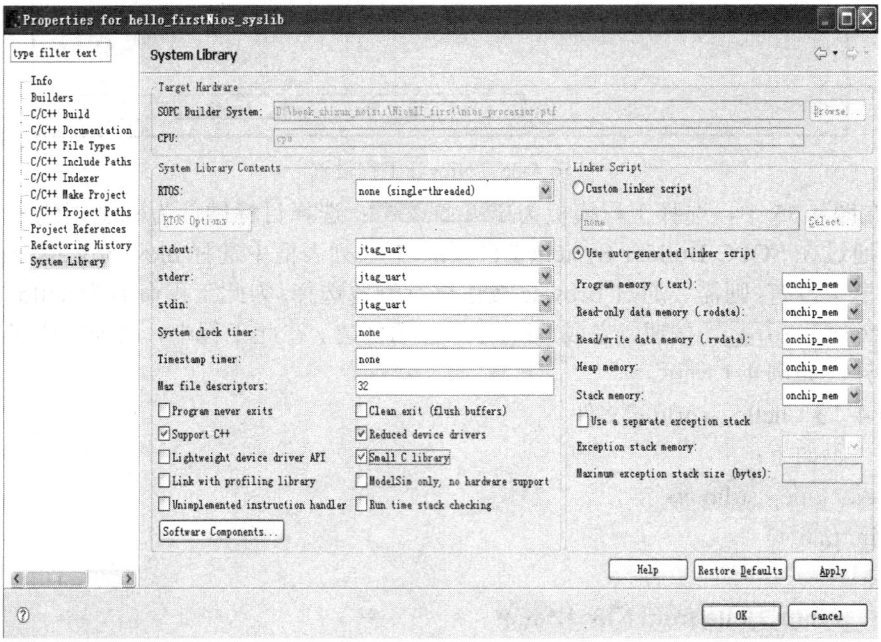

图 4-37　工程优化界面

设置完成后，点击 OK 按钮返回。再次编译整个工程，此时编译没有问题，编译成功。

(7) 选择"Run→Run…"菜单项或者选择工具栏上的图标 ⊙ 打开 Run 对话框，如图 4-38 所示。

在图 4-38 中，选择 Nios Ⅱ Hardware，然后单击 新建一个硬件运行实例。此时，硬件运行实例会自动找到 JTAG cable 和 JTAG device，如图 4-39 所示。(前提条件是 FPGA 开发板已上电，并且下载线连接正常。)

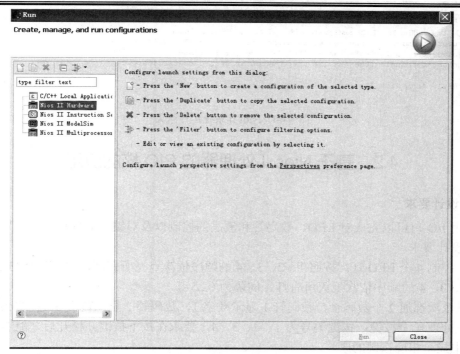

图 4-38　新建硬件运行实例

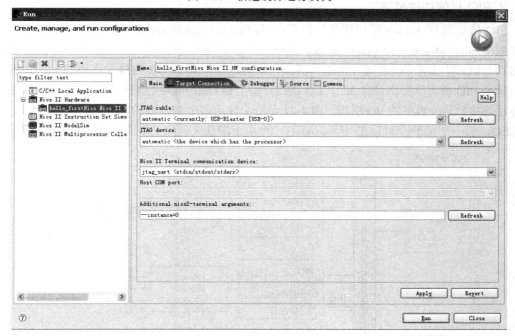

图 4-39　运行配置选项

点击图 4-39 中的 Apply 按钮，再点击 Run 按钮，运行 NiosⅡ系统硬件。

NiosⅡ系统运行结果是向 JTAT UART 调试口输出了一行信息："Hello from Nios II!"，运行后的效果如图 4-40 所示。运行结果与例 4-1 完全一致。

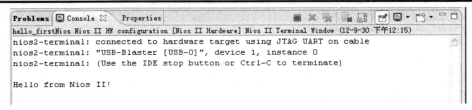

图 4-40　Nios Ⅱ 系统运行结果

4.2　基于 Nios Ⅱ 处理器的 PIO 核的应用

1. 设计要求

使用 I/O 口可以完成对 LED、数码管和液晶的控制以及对键盘的处理。请分别完成下面 3 个设计要求。

(1) 控制 4 个 LED 灯：按照 1、2、3、4 的顺序依次点亮所有灯，间隔为 0.25 s；然后按 1、2、3、4 的顺序依次熄灭所有灯，间隔为 0.25 s。

(2) 依次选通 2 个数码管，数码管 1 显示数字 1，数码管 2 显示数字 2，间隔为 1 s。

(3) 处理 4 个按键：按键编号为 1、2、3、4，要求在按下按键并松开后，能够在 2 个数码管中显示相应按键的序号。

2. PIO 核的功能描述

PIO 核是具有 Avalon 接口的并行输入/输出(Parallel Input/Output，PIO)核，在 Avalon 存储器映射(Avalon Memory-Mapped，Avalon-MM)从端口和通用 I/O 端口之间提供了一个存储器映射接口。I/O 端口既可以连接片上用户逻辑，也可以连接到 FPGA 与外设连接的 I/O 引脚。

每个 PIO 核可以提供最多 32 个 I/O 端口，每个 I/O 端口既可与 FPGA 内部逻辑相连接，也可驱动连接到片外设备的 I/O 引脚。图 4-41 是一个使用多个 PIO 核的例子，其中，一个用于控制 LED，另一个用于控制 LCD 显示，还有一个用于捕获来自片上复位请求控制逻辑的边沿。

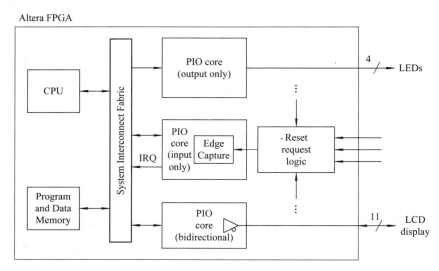

图 4-41　使用多个 PIO 核的系统实例

Nios Ⅱ 处理器对 PIO 的控制是通过对 PIO 核的寄存器的读/写来实现的，PIO 核的寄存器有 6 个，如表 4-4 所示。

表 4-4 PIO 核的寄存器映射

偏 移	寄存器名称		R/W	(n-1)	…	2	1	0
0	data	读访问	R	读取 PIO 核输入端口上的数据				
		写访问	W	将数据写到 PIO 核输出端口				
1	direction[1]		R/W	每个 I/O 端口独立的方向控制：0——输入；1——输出				
2	interruptmask [1]		R/W	每个输入端口 IRQ 使能/禁用。1——使能中断				
3	edgecapture [1], [2]		R/W	每个输入端口的边沿检测				
4	outset		W	指定输出端口的某位置 1				
5	outclear		W	指定输出端口的某位清 0				

注：(1) 该寄存器是否存在取决于硬件配置，如果寄存器不存在，读寄存器返回一个未定义的值，写寄存器无影响。

(2) 写任何值到边沿捕获寄存器，会清 0 所有位。

(1) 数据(data)寄存器。读取数据寄存器将返回输入端口的值。如果 PIO 核硬件被配置为 output-only(只输出)模式，读数据寄存器将返回一个未定义的值。

写数据寄存器将数据存储到寄存器中以驱动输出端口。如果 PIO 核硬件被配置为 input-only(只输入)模式，写数据寄存器无影响。如果 PIO 核硬件被配置为双向模式，则仅当在 direction(方向)寄存器中相应的位被置 1(输出)时，被寄存的值才会出现在输出端口。

(2) 方向(direction)寄存器。方向寄存器控制每个 PIO 端口的数据方向。假定端口是双向的，当位 n 在方向寄存器中被置 1 时，端口 n 在数据寄存器的相应位驱动输出值。

仅当 PIO 核硬件被配置为双向模式时，方向寄存器才存在。模式(输入、输出或双向)在系统创建时指定，并且在运行时不能修改。在输入或输出模式中，方向寄存器不存在，在这种情况下，读方向寄存器返回一个未定义的值，写方向寄存器无影响。

在复位后，方向寄存器的所有位都是 0，所以所有双向 I/O 端口都被配置为输入。如果那些 PIO 端口被连接到 FPGA 器件的引脚，则这些引脚保持高阻状态。在双向模式下，为了改变 PIO 端口的方向，要重新编程对方向寄存器进行修改。

(3) 中断屏蔽(interruptmask)寄存器。设置中断屏蔽寄存器中的位为 1，允许相应 PIO 输入端口中断。中断行为取决于 PIO 核的硬件配置。仅当硬件被配置为能产生 IRQ 时中断屏蔽寄存器才存在。如果 PIO 核不能产生 IRQ，读中断屏蔽寄存器返回一个未定义的值，写中断屏蔽寄存器无影响。

在复位后，所有中断屏蔽寄存器的位都是 0，所以所有的 PIO 端口中断都被禁用。

(4) 边沿捕获(edgecapture)寄存器。PIO 核可配置为对输入端口进行边沿捕获，它可以捕获低到高的跳变、高到低的跳变或者两种跳变均捕获。只要在输入端检测到边沿，就会将边沿捕获寄存器中的相应位置 1。

Avalon-MM 主外设能够读边沿捕获寄存器，以确定是否有一个边沿出现在任何 PIO 输入端口。写任何值到边沿捕获寄存器将清除寄存器中的所有位。

要探测的边沿的类型在系统创建时就已经选定在硬件中,且不能通过寄存器进行更改。边沿捕获寄存器只能在硬件被配置为捕获边沿时存在。如果 PIO 核没有被配置成捕获边沿,读边沿捕获寄存器将返回一个未定义的值,写边沿捕获寄存器无影响。

(5) 输出置位(outset)和输出清零(outclear)寄存器。可以使用输出置位和输出清零(outset 和 outclear)寄存器置 1 或清 0 输出端口的指定位。例如,写 0x20(0100 0000)到 outset 寄存器,即设置输出端口的第 5 位为 1,写 0x08(0000 1000)到 outclear 寄存器,即设置输出端口的第 3 位为 0。

这些寄存器只有在选择 Enable individual bit set/clear output register 寄存器为开启时才可用。

(6) PIO 中断。PIO 核能输出一个 IRQ 信号,该中断信号连接到主外设。主外设既能够读数据寄存器,也能够读取边沿捕获寄存器以确定哪一个输入端口引发了中断。

PIO 核可以配置为在两种不同的输入条件下产生 IRQ。一种是 Level-Sensitive(电平检测),PIO 核硬件检测高电平就触发 IRQ;另一种是 Edge-Sensitive(边沿检测),PIO 核的边沿捕获配置决定何种边沿类型能触发 IRQ。每个输入端口的中断可以分别屏蔽,中断屏蔽决定哪一个输入端口能产生中断。

当硬件被配置为电平敏感中断,且数据寄存器和中断屏蔽寄存器中相应的位是 1 时,IRQ 被确定。当硬件被配置为边沿敏感中断,且边沿捕获寄存器和中断屏蔽寄存器中相应的位是 1 时,IRQ 被确定。IRQ 保持确定,直到禁用中断屏蔽寄存器中相应的位或者写边沿捕获寄存器相应的位,这样就可清除该中断。

在 SOPC Builder 中实例化 PIO 核时,需要设置如下 3 个界面。

● 在图 4-42 中,Basic Settings(基本设置)标签页允许设计者指定 PIO 端口的宽度和方向。Width(宽度)可以设置为 1~32 之间的任何整数值,如果设定值为 n,则 I/O 端口的宽度为 n 位。Direction(方向)设置有 4 个选项,如表 4-5 所示。

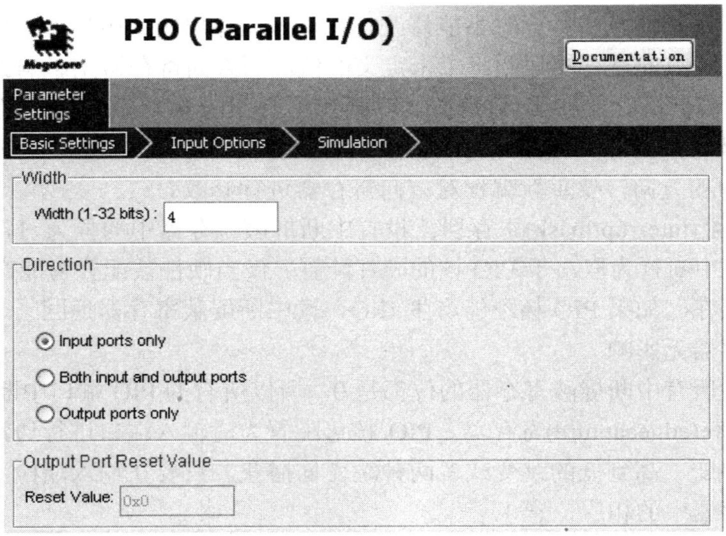

图 4-42　PIO 基本设置界面

表 4-5　方　向　设　置

设　置	描　述
Bidirectional (tristate) ports(双向(三态)端口)	每个 PIO 位共享一个设备引脚,用于驱动或捕获数据。每个引脚的方向可以分别选择。如果设置 FPGA I/O 引脚的方向为输入,则引脚的状态为高阻三态
Input ports only(输入端口)	PIO 端口只能捕获输入
Output ports only(输出端口)	PIO 端口只能捕获输出
Both input and output ports(输入/输出端口)	输入和输出端口总线是分开的,是 n 位宽的单向总线

● 在图 4-43 中,Input Options(输入选项)标签页允许设计者指定边沿捕获和 IRQ 产生设置。如果在基本设置页中选择了 Output ports only(输出端口),Input Options(输入选项)标签页是不可用的。

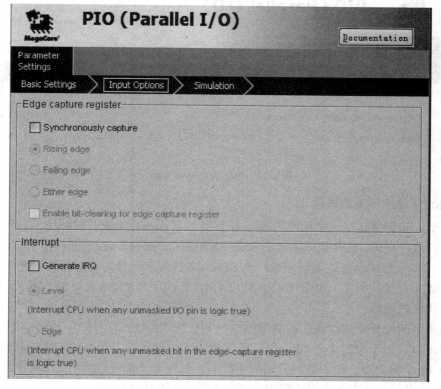

图 4-43　PIO 输入端口设置界面

当 Synchronously capture(同步捕获)打开时,PIO 核包含边沿捕获寄存器。用户必须进一步指定边沿探测的类型:Rising edge(上升沿)、Falling edge(下降沿)、Either edge(上升沿和下降沿)。

在输入端口,当一个指定类型的边沿出现时,边沿捕获寄存器允许核探测并且(可选)产生一个中断。

当 Synchronously capture(同步捕获)关闭时,边沿捕获寄存器不存在。

打开 Enable bit-clearing for edge capture register(边沿捕获寄存器的使能位清除),允许单独清除一个或多个边沿捕获寄存器中的位。为了清除给定的位,写 1 到边沿捕获寄存器的位。例如,为了清除边沿捕获寄存器的位 4,可以写 00010000 到寄存器。

当 Generate IRQ(产生 IRQ)被打开,且一个指定的事件在输入端口发生时,PIO 核可以确认一个 IRQ 输出,用户必须进一步指定 IRQ 事件的原因:Level(电平)是指当一个指定的输入为高,并且在中断屏蔽寄存器中该输入的中断是使能的,PIO 核产生一个 IRQ;Edge(边沿)是指当在边沿捕获寄存器中一个指定的位为高,并且在中断屏蔽寄存器中该位的中断是使能的,PIO 核产生一个 IRQ。

当 Generate IRQ(产生 IRQ)关闭时,中断屏蔽寄存器不存在。

● 在图 4-44 中,Simulation 标签页允许在仿真期间指定输入端口的值。开启 Hardwire PIO inputs in test bench 以在测试工作台中设置 PIO 输入端口为一个特定的值,并且在 Drive inputs to 域中指定值。

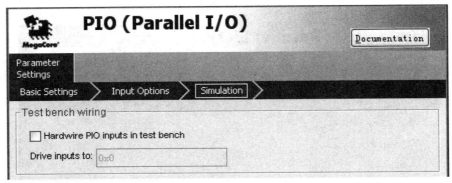

图 4-44　PIO 仿真设置界面

3. Nios Ⅱ 硬件环境的搭建

上一节,我们搭建了一个简单的 Nios Ⅱ 系统,在 Nios Ⅱ 集成开发环境下,几乎没有编写任何用户软件代码,软件代码编译后都有 1 KB 左右,需要经过代码优化后才可以编译通过。因此,本节为 Nios Ⅱ 处理器增加一个 SDRAM 控制器组件,这样就可以使用开发板上的 SDRAM 来存放代码了。由于使用了 SDRAM,所以片上 RAM 就可以不用了,同时也可省去代码优化的操作。

根据本节的设计要求,我们需要增加一些并行输入/输出口,具体可分为 4 组:第 1 组为 4 个输出口,用于控制 4 个 LED 灯;第 2 组为 4 个输入口,用来读取 4 个按键的信息;第 3 组为 10 个输出口,用于数码管的显示控制,其中 8 个用于段控,2 个用于位控;第 4 组为 11 个输出口,其中 8 个用于输出数据,3 个用于液晶的控制。

建立 PIO 应用硬件环境,建立步骤可参见本章第一节的步骤,下面简述创建步骤并详细介绍与第一节不同的地方。

第一步:新建 Quartus Ⅱ 工程。

(1) 选择"开始→程序→Altera→Quartus Ⅱ"菜单项,打开 Quartus Ⅱ 软件,然后选择"File→New Project Wizard..."菜单项,打开新建工程对话框,如图 4-45 所示。

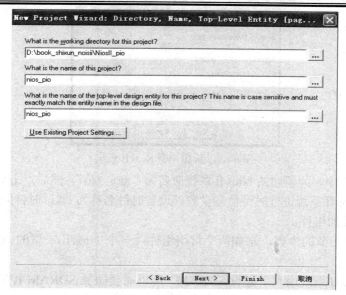

图 4-45　新建工程

(2) 在图 4-45 中，设置工程目录、工程名以及工程文件名称，然后点击 Next 按钮，在随后出现的 3 个对话框中均保持默认值，最后进入图 4-46 所示界面。

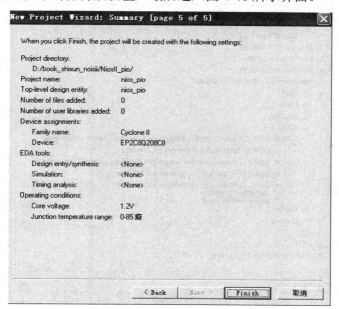

图 4-46　新建工程完成

图 4-46 显示了新建工程的相关信息，如使用的器件、工程名称、工程的顶层实体名称等信息。

第二步，生成并配置 Nios Ⅱ 处理器。

(1) 在新建的 Quartus Ⅱ 工程中，选择"Tools→SOPC Builder"菜单项，弹出创建新的 Nios Ⅱ 系统对话框，如图 4-47 所示。

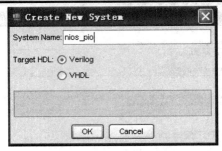

图 4-47　新建一个 Nios Ⅱ 系统

(2) 在图 4-47 中，为新建的 Nios Ⅱ 系统命名为"nios_pio"，然后点击 OK 按钮，在弹出的对话框中对 Nios Ⅱ 系统进行时钟信号设置，设置时钟名称为 clk，时钟频率为 50 MHz。

(3) 为系统添加组件。

① 首先按上一节的步骤，添加两个常用组件：一个 Nios Ⅱ/e 型的 Nios Ⅱ 处理器，一个 JTAG UART。

② 由于 Nios Ⅱ 系统用到了外设 SDRAM，所以需要添加 SDRAM 控制器外设。下面为系统添加一个 SDRAM 存储器控制器。单击图 4-48 中的 SDRAM Controller，再单击 Add... 按钮，或者直接双击图 4-48 中的 SDRAM Controller 图标，进入图 4-49 所示界面。

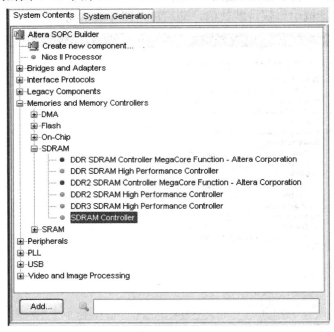

图 4-48　添加 SDRAM Controller

开发板上使用的 SDRAM 是 Micron 公司生产的，型号是 MT48LC4M16A2。查找数据手册得知，该 SDRAM 的行地址为 12 位，列地址为 8 位，BANK 为 4 个，数据线为 16 位。根据这些信息对 SDRAM 控制器进行相应的设置，如图 4-49 所示。

在图 4-49 中，点击 Next 按钮，进入图 4-50，进行 SDRAM 的时序设置，保持默认值，这些参数可参考数据手册。

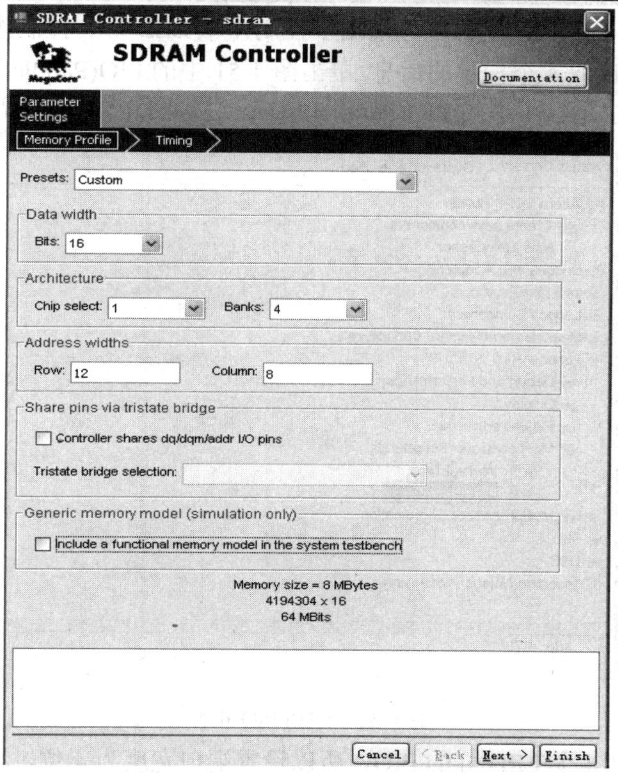

图 4-49　SDRAM Controller 配置

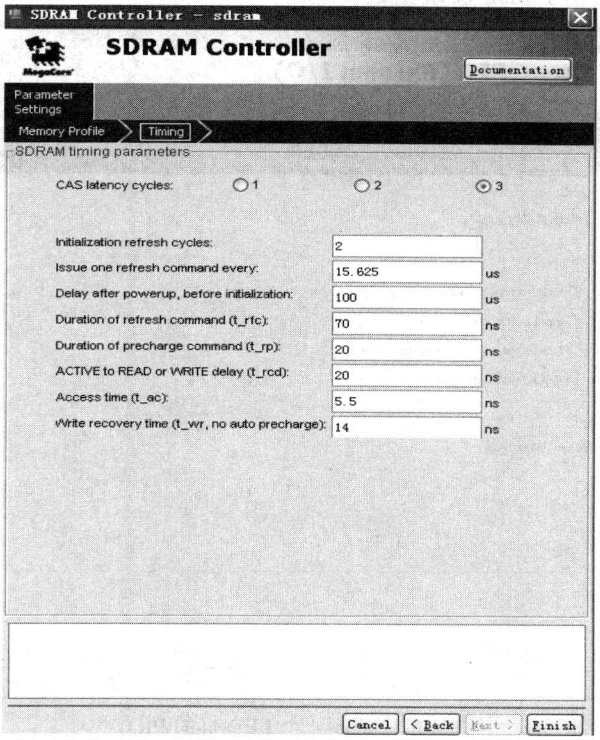

图 4-50　SDRAM Controller 时序配置

③ 为系统添加 4 个 PIO 组件，分别用于控制 4 个 LED 灯、控制液晶屏的显示、控制数码管的显示，以及读取 4 个按键的信息。单击图 4-51 中的 PIO(Parallel I/O)，再单击 Add... 按钮，或者直接双击图 4-51 中的 PIO(Parallel I/O)，进入图 4-52 所示界面。

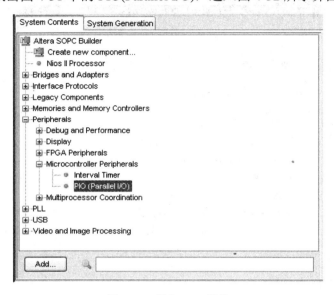

图 4-51　添加 PIO 组件

首先，添加控制 4 个 LED 灯的 PIO，所以设置端口宽度为 4 位，端口方向为输出，如图 4-52 所示，然后点击 Finish 按钮完成设置。

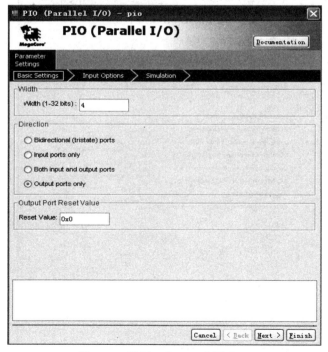

图 4-52　控制 4 个 LED 灯的 PIO

　　其次，添加控制 2 个数码管的 PIO，共需要 10 根线，所以设置端口宽度为 10 位，端口方向为输出，如图 4-53 所示，然后点击 Finish 按钮完成设置。

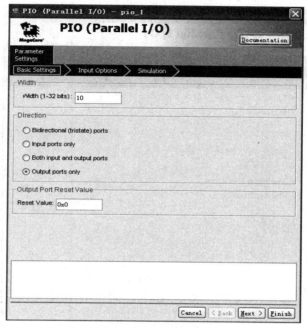

图 4-53　控制数码管的 PIO

　　再次，添加控制液晶屏的 PIO，共需要 11 根线，所以设置端口宽度为 11 位，端口方向为输出，如图 4-54 所示，然后点击 Finish 按钮完成设置。

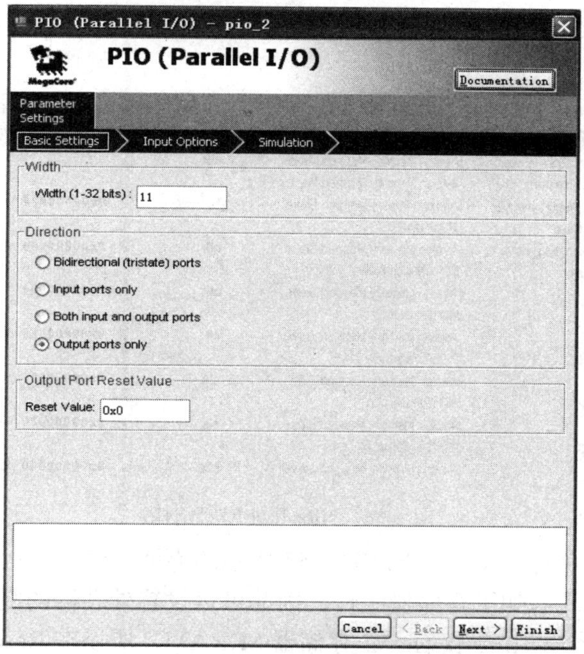

图 4-54　控制液晶屏的 PIO

最后，添加一个读取 4 个按键信息的 PIO，共需要 4 根线，所以设置端口宽度为 4 位，端口方向为输入，如图 4-55 所示，然后点击 Finish 按钮完成设置。

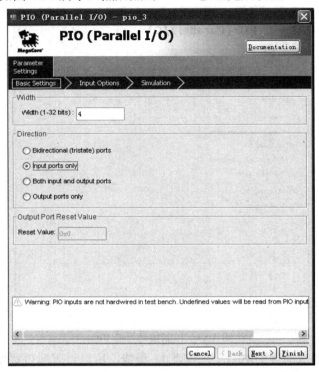

图 4-55　读取按键信息的 PIO

至此，Nios Ⅱ 处理器已添加 7 个组件：CPU、SDRAM、JTAG UART 以及 4 个 PIO，如图 4-56 所示。

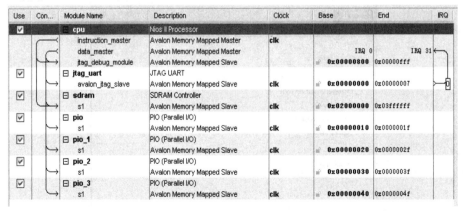

图 4-56　Nios Ⅱ 处理器结构

(4) 双击图 4-56 中的 cpu，打开如图 4-57 所示的界面，继续对处理器进行设置。由于在 Nois Ⅱ 处理器中已经添加了存储器组件，因此可以设置处理器的复位地址和异常地址，具体设置如图 4-57 所示。由于仅有一个存储器 SDRAM，所以在 Reset Vector 和 Exception Vector 选项的 Memory 下拉列表框中均选择 sdram，其他选项保持默认值。

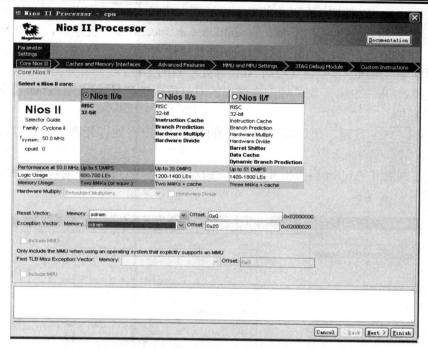

图 4-57　设置处理器复位地址和异常地址

（5）在配置处理器的过程中，需要添加各种组件，这些组件有可能产生地址重合和中断号的冲突，因此在全部设置完成后，还需要对组件的基地址和中断号进行重新分配。选择"System→Auto-Assign Base Address"菜单项，对基地址进行重新分配，再选择"System→Auto-Assign IRQs"菜单项，对中断号进行重新分配。

系统在生成同类组件时，会加数字后缀予以区分，如图 4-56 所示。但是，更好的办法是为每个组件重新命名。对组件重命名的方法是，在每个组件上右击，在弹出的菜单中选择 Rename，然后填上新名称。

重新分配组件的基地址和中断号，并经过重命名后，得到的 Nios II 处理器如图 4-58 所示。

Use	Con...	Module Name	Description	Clock	Base	End	IRQ
☑		□ **cpu**	Nios II Processor				
		instruction_master	Avalon Memory Mapped Master	clk			
		data_master	Avalon Memory Mapped Master		IRQ 0	IRQ 31	
		jtag_debug_module	Avalon Memory Mapped Slave		0x04000800	0x04000fff	
☑		□ **jtag_uart**	JTAG UART				
		avalon_jtag_slave	Avalon Memory Mapped Slave	clk	0x04001040	0x04001047	0
☑		□ **sdram**	SDRAM Controller				
		s1	Avalon Memory Mapped Slave	clk	0x02000000	0x03ffffff	
☑		□ **pio_led**	PIO (Parallel I/O)				
		s1	Avalon Memory Mapped Slave	clk	0x04001000	0x0400100f	
☑		□ **pio_SM**	PIO (Parallel I/O)				
		s1	Avalon Memory Mapped Slave	clk	0x04001010	0x0400101f	
☑		□ **pio_LCD**	PIO (Parallel I/O)				
		s1	Avalon Memory Mapped Slave	clk	0x04001020	0x0400102f	
☑		□ **pio_key**	PIO (Parallel I/O)				
		s1	Avalon Memory Mapped Slave	clk	0x04001030	0x0400103f	

图 4-58　Nios II 处理器结构(重新分配基地址和中断号)

(6) 单击 Generate 按钮，在弹出的保存对话框中选择 Save 按钮，则开始生成刚刚配置的 Nios II 处理器。当出现"System generation was successful"提示时，说明 Nios II 系统生成成功，然后单击 Exit 按钮，返回 Quartus II 软件界面。

第三步：在 Quartus II 中建立应用 Nios II 处理器的工程。

(1) 选择"File→New"菜单项，在弹出的对话框中选择 Block Diagram/Schematic File，建立一个新的原理图。

(2) 单击 OK 按钮，出现原理图设计界面。双击空白处打开添加符号对话框，如图4-59 所示。

(3) 在右侧展开 Project 后点击 nios_pio，加入刚刚创建的 Nios II 处理器，然后点击 OK 按钮，退出符号对话框。

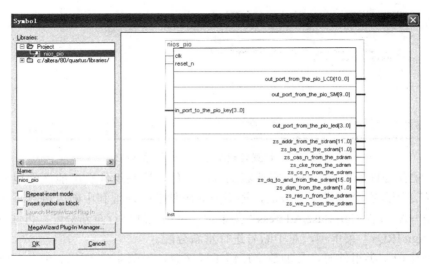

图 4-59　添加 nios_pio

(4) 将 Nios II 处理器放在原理图中一个合适的位置，如图 4-60 所示。

图 4-60　原理图界面

(5) Nios II 处理器对时钟要求高，需要添加一个 FPGA 内置的 PLL 来对外部输入的 50 MHz 时钟进行处理。双击原理图空白区域，再次打开添加符号对话框，点击图中的 MegaWizard Plug-In Manager... 按钮，弹出新建宏功能模块对话框，选中 ⊙ Create a new custom megafunction variation 选项，然后点击 Next 按钮进入图 4-61 所示界面。

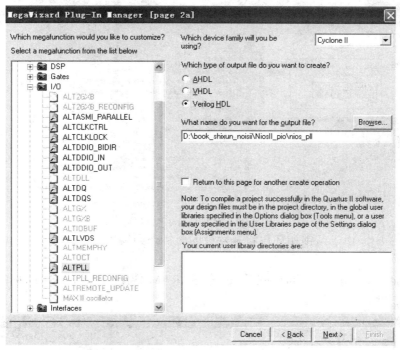

图 4-61　添加 PLL 模块

(6) 按图 4-61 所示进行相应的选择，并设置输出文件名为 nios_pll，然后单击 Next 按钮进入锁相环设置界面。在锁相环设置界面，需要修改图 4-62、图 4-63 的可选输入信号，还需要修改图 4-64 中的输出频率 c1，其他的界面均保持默认值。

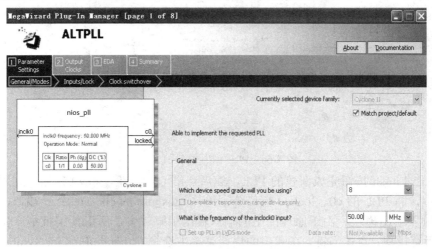

图 4-62　PLL 输入频率设置

在图 4-62 中，根据开发板的时钟源频率，将输入 inclk0 的频率设置为 50MHz。

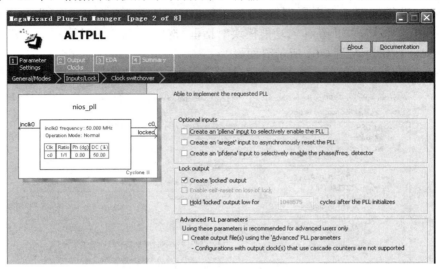

图 4-63　PLL 可选信号设置

在图 4-63 中，由于该锁相环仅将开发板的时钟作为输入，因此可取消 Optional inputs 中的所有选项。

在图 4-64 中，这里产生的时钟信号 c1 供 SDRAM 使用，设置 clk c1 的频率为 50 MHz，相位移为 −45 度。

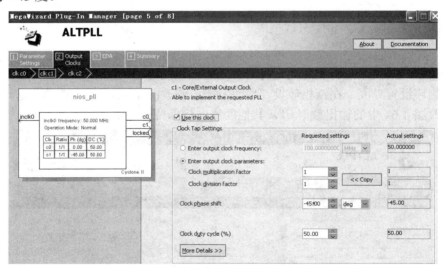

图 4-64　PLL 输出频率 c1 设置

(7) 单击 Finish 按钮完成新建的 PLL，然后点击 OK 按钮，将 PLL 加入到原理图中。在原理图中，将 PLL 的 c0、locked 端口分别连接 nios_pio 的 clk、reset_n 端口，然后为各端口添加输入输出模块。由于原理图中的输入输出引脚较多，所以使用批量产生引脚的方法。全选所有模块，点击右键，在弹出的快捷菜单中选择 Generate Pins for Symbol Ports 项，为所有模块生成输入输出模块。

（8）在原理图中修改各模块的属性，修改后的原理图如图 4-65 所示。

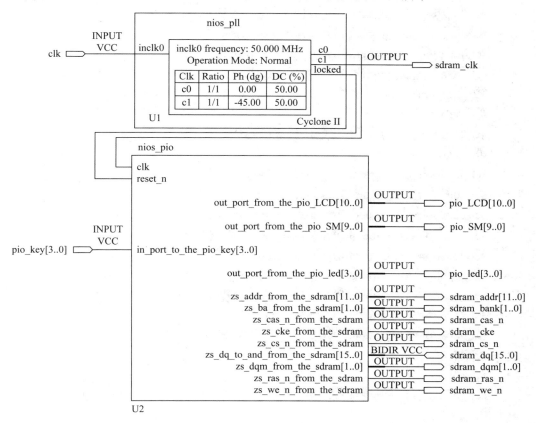

图 4-65　修改元件属性后的原理图

（9）保存工程，在提示对话框中将原理图命名为 niosii_pio。

（10）单击 ▶ 图标对工程进行编译。编译无误后，再为输入输出端口进行引脚锁定。

本例引脚较多，而且由于液晶屏和 LED 灯共用引脚，需要反复修改引脚配置，所以本文采用 TCL 脚本文件分配引脚。

选择"File→New"菜单项，在弹出的对话框中选择 Tcl Script File，再点击 OK 按钮，即可编辑 TCL 脚本文件，保存该文件为 niosii_pio_pinset.tcl。该文件内容如例 4-2 所示。

【例 4-2】　TCL 脚本文件 pio_pinset.tcl 的内容。

程序代码如下：

```
#时钟
set_location_assignment PIN_23 -to clk
#4 个 led
set_location_assignment PIN_87 -to pio_led[3]
set_location_assignment PIN_88 -to pio_led[2]
set_location_assignment PIN_89 -to pio_led[1]
set_location_assignment PIN_90 -to pio_led[0]
```

```
#4 个 key
set_location_assignment PIN_64 -to pio_key[3]
set_location_assignment PIN_63 -to pio_key[2]
set_location_assignment PIN_61 -to pio_key[1]
set_location_assignment PIN_60 -to pio_key[0]
#2 个 shumaguan
#bit sel1
set_location_assignment PIN_151 -to pio_SM[9]
#bit sel0
set_location_assignment PIN_107 -to pio_SM[8]
set_location_assignment PIN_106 -to pio_SM[7]
set_location_assignment PIN_105 -to pio_SM[6]
set_location_assignment PIN_104 -to pio_SM[5]
set_location_assignment PIN_103 -to pio_SM[4]
set_location_assignment PIN_102 -to pio_SM[3]
set_location_assignment PIN_101 -to pio_SM[2]
set_location_assignment PIN_99 -to pio_SM[1]
set_location_assignment PIN_97 -to pio_SM[0]
#LCD
#lcd_e
set_location_assignment PIN_70 -to pio_LCD[10]
#lcd_rw
set_location_assignment PIN_69 -to pio_LCD[9]
#lcd_rs
set_location_assignment PIN_68 -to pio_LCD[8]
set_location_assignment PIN_96 -to pio_LCD[7]
set_location_assignment PIN_95 -to pio_LCD[6]
set_location_assignment PIN_94 -to pio_LCD[5]
set_location_assignment PIN_92 -to pio_LCD[4]
#set_location_assignment PIN_90 -to pio_LCD[3]
#set_location_assignment PIN_89 -to pio_LCD[2]
#set_location_assignment PIN_88 -to pio_LCD[1]
#set_location_assignment PIN_87 -to pio_LCD[0]
#SDRAM other control signal
set_location_assignment PIN_47 -to sdram_clk
set_location_assignment PIN_201 -to sdram_cs_n
set_location_assignment PIN_205 -to sdram_we_n
set_location_assignment PIN_206 -to sdram_cas_n
set_location_assignment PIN_207 -to sdram_ras_n
```

```
set_location_assignment PIN_48 -to sdram_cke
#SDRAM bank
set_location_assignment PIN_199 -to sdram_bank[1]
set_location_assignment PIN_200 -to sdram_bank[0]
#SDRAM dqm
set_location_assignment PIN_208 -to sdram_dqm[1]
set_location_assignment PIN_203 -to sdram_dqm[0]
#SDRAM address
set_location_assignment PIN_37 -to sdram_addr[11]
set_location_assignment PIN_39 -to sdram_addr[10]
set_location_assignment PIN_40 -to sdram_addr[9]
set_location_assignment PIN_41 -to sdram_addr[8]
set_location_assignment PIN_43 -to sdram_addr[7]
set_location_assignment PIN_44 -to sdram_addr[6]
set_location_assignment PIN_45 -to sdram_addr[5]
set_location_assignment PIN_46 -to sdram_addr[4]
set_location_assignment PIN_193 -to sdram_addr[3]
set_location_assignment PIN_195 -to sdram_addr[2]
set_location_assignment PIN_197 -to sdram_addr[1]
set_location_assignment PIN_198 -to sdram_addr[0]
#SDRAM data
set_location_assignment PIN_13 -to sdram_dq[15]
set_location_assignment PIN_14 -to sdram_dq[14]
set_location_assignment PIN_15 -to sdram_dq[13]
set_location_assignment PIN_30 -to sdram_dq[12]
set_location_assignment PIN_31 -to sdram_dq[11]
set_location_assignment PIN_33 -to sdram_dq[10]
set_location_assignment PIN_34 -to sdram_dq[9]
set_location_assignment PIN_35 -to sdram_dq[8]
set_location_assignment PIN_12 -to sdram_dq[7]
set_location_assignment PIN_11 -to sdram_dq[6]
set_location_assignment PIN_10 -to sdram_dq[5]
set_location_assignment PIN_8 -to sdram_dq[4]
set_location_assignment PIN_6 -to sdram_dq[3]
set_location_assignment PIN_5 -to sdram_dq[2]
set_location_assignment PIN_4 -to sdram_dq[1]
set_location_assignment PIN_3 -to sdram_dq[0]
```

例 4-2 中，由于 4 个 LED 灯与液晶数据线的低 4 位共用 4 个端口，所以代码中暂时未将液晶数据线的低 4 位锁定。

(11) 选择"Tools→Tcl Scripts"菜单项，在弹出的对话框中选择 niosii_pio_pinset.tcl，然后点击 Run 按钮，运行引脚锁定脚本文件，则完成引脚锁定。

(12) 单击 ▶ 图标对工程进行编译，编译后生成 nios_pio.sof 文件，将该文件下载到 FPGA 中，下载成功后的界面如图 4-66 所示。

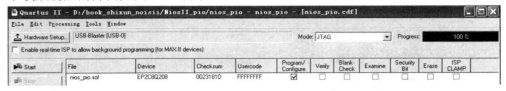

图 4-66　将程序下载到 FPGA 后的界面

至此，整个 Nios II 硬件环境搭建完成。下面介绍 Nios II 软件设计。

4. Nios II 软件设计

为了使工程便于管理，本节把 Nios II 的软件部分也存放在 FPGA 的工程目录中。

(1) 打开 Nios II 软件，选择"File→ Switch Workspace... "菜单项，在弹出的对话框中选择 niosii_pio 所在目录，如图 4-67 所示。

图 4-67　设置 Nios II 软件存放目录

(2) 选择"File→New→Project"菜单项，打开新建工程对话框，如图 4-68 所示。

图 4-68　新建 Nios II 工程

(3) 在图 4-68 中选择 `Nios II C/C++ Application`，然后单击 `Next >` 按钮，进入图 4-69 所示界面。

图 4-69　Nios Ⅱ 工程设置

(4) 在图 4-69 中，选择工程模板为 `Hello World`；选择目标硬件为刚刚创建的 Nios Ⅱ 处理器，可通过在 SOPC Builder System PTF File 下拉列表框中选择 nios_pio.ptf，如果下拉列表框中没有，则需要通过 Browse 按钮进行浏览选择；为此工程命名为 hello_pioNios。

(5) 点击 `Finish` 按钮，完成 Nios Ⅱ 工程的新建。在此工程中，已经完成了一个简单的程序设计，对 hello_world.c 文件进行修改，实现设计要求，完成后的代码如例 4-3 所示。

【例 4-3】　hello_world.c 文件。

程序代码如下：

```c
#include <stdio.h>
#include <alt_types.h>
#include <altera_avalon_pio_regs.h>
#include <system.h>
int usleep();    //全局函数声明
void led_run();
void shumaguan();
void key_led();
static alt_u8 led_ctl=1,key_val=0;
int main()
{
```

```c
    printf("Hello from Nios II!\n");
   while(1)
   {
//    led_run();         //实现设计要求 1
//      shumaguan();    //实现设计要求 2
     key_led();          //实现设计要求 3
   }
  return 0;
}
void led_run()
{
    alt_u8 data;
    data=0x01;
    switch(led_ctl) //流水灯 8 种显示
    {
        case 1: data=0x1;break;    //1 灯亮
        case 2: data=0x3;break;    //1、2 灯亮
        case 3: data=0x7;break;    //1、2、3 灯亮
        case 4: data=0xf;break;    //1、2、3、4 灯亮
        case 5: data=0xe;break;    //2、3、4 灯亮
        case 6: data=0xc;break;    //3、4 灯亮
        case 7: data=0x8;break;    //4 灯亮
        case 8: data=0x0; break;    //全不亮
        default: break;
    }
    if(led_ctl>8) led_ctl=1; else led_ctl=led_ctl+1; //控制流水灯的变量
    IOWR_ALTERA_AVALON_PIO_DATA(PIO_LED_BASE,data);   //data 控制 led
    usleep(1000000);   //延时 1s
}
void shumaguan()
{
    alt_u16 data;
    data=0x106;   //选 L1，显示 1
    IOWR_ALTERA_AVALON_PIO_DATA(PIO_SM_BASE,data); //数码管显示 data
    usleep(1000000);
    data=0x25b;   //选 L2，显示 2
    IOWR_ALTERA_AVALON_PIO_DATA(PIO_SM_BASE,data); //数码管显示 data
    usleep(1000000); //延时 1s
}
```

```
void key_led()
{
    alt_u8 data=0;
    alt_u16 data_disp;       //低 8 位为段控码，9、10 两位为位控码
    data=IORD_ALTERA_AVALON_PIO_DATA(PIO_KEY_BASE); //读取键值
    if(data!=0xf)   key_val=(~data)&0x0f; //取低 4 位
    switch(key_val)    //L1 和 L2 同时显示
    {
        case 1: data_disp=0x306;break; //显示 1
        case 2: data_disp=0x35b;break; //显示 2
        case 4: data_disp=0x34f;break; //显示 3
        case 8: data_disp=0x366;break; //显示 4
        default: break;
    }
    IOWR_ALTERA_AVALON_PIO_DATA(PIO_SM_BASE,data_disp); //送数码管显示
    usleep(1000000); //延时 1s
}
```

程序说明：

① 例 4-3 完成的是 3 个设计要求，通过在 main 函数中调用不同的子函数，可实现相应的功能。led_run();实现设计要求(1)，shumaguan ();实现设计要求(2)，key_led ();实现设计要求(3)。例如，下面的代码实现设计要求(2)。

```
int main()
{
    printf("Hello from Nios II!\n");
    while(1)
    {
        shumaguan();
    }
    return 0;
}
```

② 例 4-3 这段程序的功能还包括向 jtag_uart 调试口输出 "Hello from Nios II!"。此功能用来观察程序是否下载成功，程序运行是否正常。

③ IORD_ALTERA_AVALON_PIO_DATA 和 IOWR_ALTERA_AVALON_PIO_DATA 是读端口和写端口的宏定义，在 altera_avalon_pio_regs.h 中。其他端口操作的宏定义，也都在 altera_avalon_pio_regs.h 中。

④ PIO_KEY_BASE 和 PIO_LED_BASE 是在 system.h 中定义的宏，分别是 PIO_KEY 和 PIO_LED 端口的基地址。Nios Ⅱ 处理器的所有组件的配置信息，均包含在 system.h 中。

⑤ alt_u8 是一种数据类型，指的是 unsigned char，在 alt_types.h 文件中进行定义。

⑥ usleep()是 Nios Ⅱ 系统自带的一个函数，其功能是延时参数指定的微秒数。例如：

调用 usleep(1000)则意味着延时 1000 微秒，即 1 毫秒。

⑦ 本段代码在完成设计要求(3)时，没有考虑按键的去抖处理，感兴趣的读者可自行完成。

(6) 设置程序的存储空间。右击工程导航的 `hello_firstNios_syslib [nios_processor]`，在弹出的菜单中选择 Properties，在弹出的对话框中选择 System Library，在右侧的一系列下拉列表框中均选择 sdram，设置界面如图 4-70 所示。

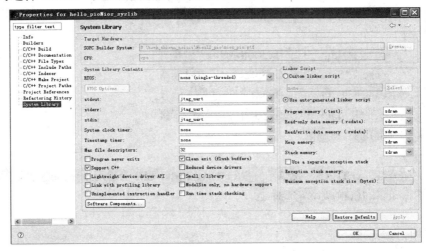

图 4-70　工程设置界面

(7) 选择"Project→Build Project"菜单项或者选择工具栏上的图标 ▤ 编译整个工程。编译成功后，选择"Run→Run…"菜单项或者单击工具栏上的图标 ▶ 打开 Run 对话框，如图 4-71 所示。

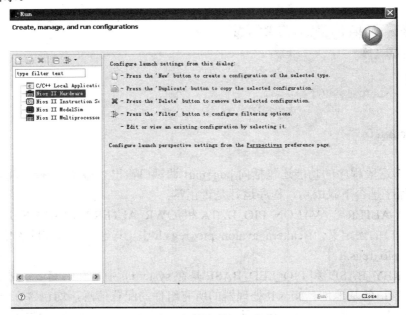

图 4-71　新建硬件运行实例

(8) 在图 4-71 中，选择 Nios II Hardware，然后单击 图标新建一个硬件运行实例。此时，硬件运行实例会自动找到 JTAG cable 和 JTAG device，如图 4-72 所示。(前提条件是 FPGA 开发板已上电，并且下载线连接正常。)

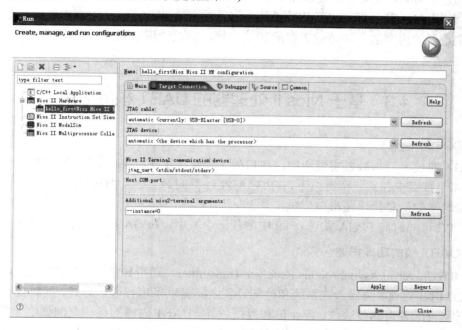

图 4-72　运行配置选项

(9) 点击图 4-72 中的 Apply 按钮，再点击 Run 按钮，运行 Nios II 系统硬件运行实例。

(10) Nios II 系统运行结果是向 JTAT UART 调试口输出了一行信息："Hello from Nios II!"，同时在开发板上，可以得到与设计要求一致的结果。运行后的效果如图 4-73 所示。

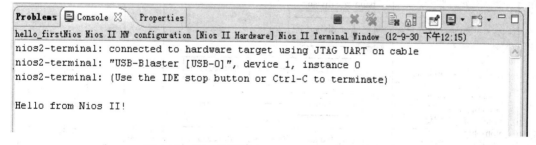

图 4-73　Nios II 系统向 JTAG UART 输出的结果

5. 扩展部分

读者可尝试完成以下几种功能：

(1) 设计几种跑马灯的运行模式，并通过某个按键进行模式选择，模式选择通过按键加 1 计数即可实现。当选择某种模式后，LED 灯就按着既定的模式运转。

(2) 控制数码管的显示。让两个数码管同时稳定地显示 12。

(3) 控制液晶屏显示静态信息。第一行显示 "HEJK WELCOME U!"；第二行显示 "QQ:2372775147"。(提示：控制液晶屏显示与控制数码管显示有相通之处，请读者在理解数码管显示控制的基础上编写液晶屏显示控制程序。)

(4) 在液晶屏上显示动态信息。

(5) 使用 Nios Ⅱ 处理器完成前几章的所有项目(除 UART 项目外)。

(6) 使用 Nios Ⅱ 处理器进行软件设计，涉及的内容非常多，比如，中断就是处理器设计中非常重要的内容之一。请读者参阅相关书籍，尝试使用中断技术完成以上所有项目的设计。

4.3　基于 Nios Ⅱ 处理器的 UART 核的应用

1. 设计要求

FPGA 通过串口与微机实现通信，串口处于全双工工作状态，具体要求如下：

(1) 4 个按键中任意一个键按下，FPGA/CPLD 都向 PC 发送 "HELLO！" 字符串，并将 FPGA 发送来的信息显示在串口调试工具上。

(2) PC 可随时向 FPGA 发送 0~9 中的任一个数字，FPGA 接收后显示在数码管上。

2. UART 核的功能描述

UART(Universal Asynchronous Receiver/Transmitter，通用异步接收器/发送器)内核实现了 RS-232 时序协议，为嵌入式系统和外部设备之间提供了串行通信方式，同时提供可调整的波特率，可配置奇偶校验位、停止位和数据位等。UART 内核的结构框图如图 4-74 所示。通常情况下，UART 核仅通过两个引脚与外部设置通信，通过 TXD 发送串行数据，通过 RXD 接收串行数据。

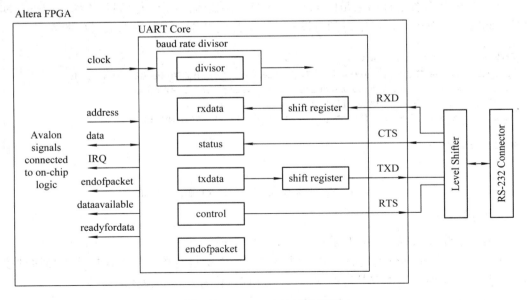

图 4-74　UART 内核结构框图

Nios Ⅱ 处理器对 UART 的控制是通过对 UART 核的寄存器的读/写来实现的。UART 核的寄存器有 6 个，如表 4-6 所示。

表 4-6　UART 核的寄存器映射

Offset	寄存器名称	R/W	描述/寄存器位													
			15…13	12	11	10	9	8	7	6	5	4	3	2	1	0
0	rxdata	RO	(1)					(2)	(2)	Receive Data						
1	txdata	WO	(1)					(2)	(2)	Transmit Data						
2	Status(3)	RW	(1)	eop	cts	dcts	(1)	e	rrdy	trdy	tmt	toe	roe	brk	fe	pe
3	control	RW	(1)	ieop	rts	idcts	trbk	ie	irrdy	itrdy	itmt	itoe	iroe	ibrk	ife	ipe
4	divisor(4)	RW	Baud Rate Divisor													
5	endofpacket(4)	RW	(1)					(2)	(2)	End-of-Packet Value						

注：(1) 这些位保留。读返回一个未定义的值，写为零。

(2) 这些位是否存在取决于"数据宽度"的硬件配置，如果不存在，读返回 0，写无影响。

(3) 写 0 到状态寄存器，会把位 dcts、e、toe、roe、brk、fe 和 pe 清 0。

(4) 这些寄存器是否存在取决于硬件配置，如果寄存器不存在，读寄存器返回一个未定义的值，写寄存器无影响。

下面分别对 6 个寄存器予以说明。

(1) rxdata、txdata：数据收发寄存器。

(2) status：状态寄存器。状态寄存器各位的含义如表 4-7 所示。

表 4-7　状态寄存器各位的含义

位	名称	功　能　描　述
0	pe	奇偶校验错误标志位。1 表示奇偶校验错误，写 0 清除
1	fe	帧错误标志位。1 表示数据帧错误，写 0 清除
2	brk	1 表示检测到 RXD 线低电平超过了一个字符传送的时间，写 0 清除
3	roe	接收溢出标志位。1 表示接收溢出，写 0 清除
4	toe	发送溢出标志位。1 表示发送溢出，写 0 清除
5	tmt	发送空闲标志位。1 表示 txdata 寄存器空闲，0 表示正在发送
6	trdy	发送准备好标志位。当 txdata 寄存器为空时，该位被置 1，否则被置 0。只有检测到 trdy 为 1 时，才能向 txdata 寄存器写新数据
7	rrdy	接收准备好标志位。当 rxdata 寄存器接收到一个新数据时，该位被置 1，否则被置 0。只有检测到 rrdy 为 1 时，才能读取 rxdata 寄存器中接收的数据
8	e	异常标志位。toe、roe、brk、fe 和 pe 位的逻辑或，写 0 可使 e 清 0
10	dcts	cts 信号改变标志，写 0 使 dcts 清 0
11	cts	cts 信号
12	eop	结束标志位。当 rxdata 或 txdata 的数据为 eop 数据时，该位置 1，写 0 清除。eop 数据存放在 endofpacket 寄存器中

(3) control：控制寄存器。控制寄存器各位的含义如表 4-8 所示。

表 4-8　控制寄存器各位的含义

位	名称	功　能　描　述
0	ipe	使能校验错中断，当该位被置 1 且校验出错时，产生该中断
1	ife	使能数据帧错误中断，当该位被置 1 且帧错误时，产生该中断
2	ibrk	使能暂停中断，当该位被置 1 且暂停时，产生该中断
3	iroe	使能接收溢出中断，当该位被置 1 且接收溢出时，产生该中断
4	itoe	使能发送溢出中断，当该位被置 1 且发送溢出时，产生该中断
5	itmt	使能发送空闲中断，当该位被置 1 且发送空闲时，产生该中断
6	itrdy	使能发送准备好中断，当该位被置 1 且发送准备好时，产生该中断
7	irrdy	使能接收准备好中断，当该位被置 1 且接收准备好时，产生该中断
8	ie	使能异常中断，当该位被置 1 且出现异常时，产生该中断
9	trbk	发送暂停，该位被置 1 时，TXD 被置 0
10	idcts	使能 cts 信号中断，当该位被置 1 且校验出错时，产生该中断
11	rts	要求发送信号，当该位被置 1 时，逻辑低电平驱动到 RTS_N 输出
12	ieop	使能 eop 中断，当该位被置 1 且包传输结束时，产生该中断

　　(4) divisor：分频系数寄存器。分频系数寄存器设置分频系数，用于产生串口通信波特率。

$$波特率 = \frac{系统时钟频率}{divisor+1}$$

　　若已知波特率，可以通过下面的公式求出分频系数：

$$divisor = int\left(\frac{系统时钟频率}{波特率} + 0.5\right)$$

　　如果 UART 在硬件配置时设置波特率是固定的，则这个寄存器不存在；如果 UART 在硬件配置时设置波特率是可以改变的，则在软件中可以通过设置 divisor 寄存器实现波特率的改变。

　　(5) endofpacket 寄存器。存放 endofpacket 字符，用于在传输中检测结束的字符，默认值为 "\0"。

　　在 SOPC Builder 中实例化 UART 核时，需要设置两个界面，如图 4-75、图 4-76 所示。

　　在图 4-75 中，Configuration(配置)标签页允许设计者指定串口波特率和数据格式。若勾选 □ Baud rate can be changed by software (Divisor register is writable) 选项，则波特率是可变的，允许在软件中通过设置 divisor 寄存器来设定波特率；还可设置奇偶校验、数据位数、停止位数、流控制、DMA 控制等。

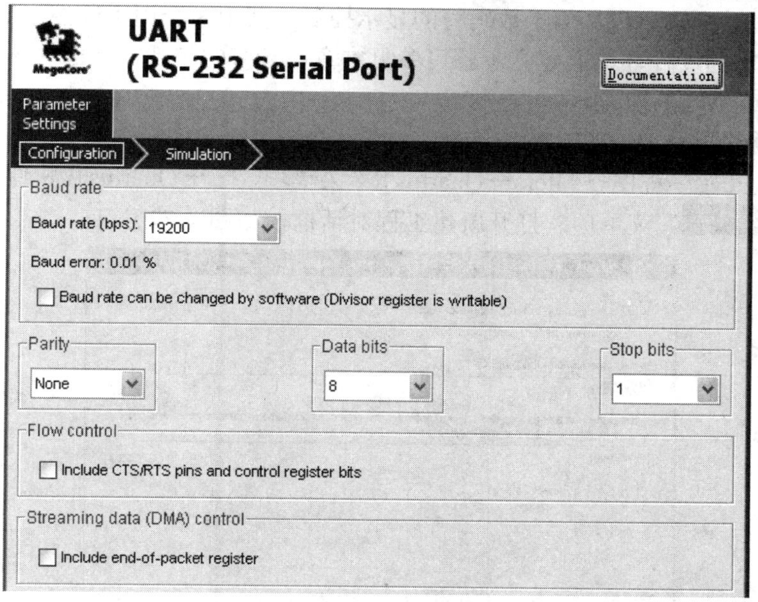

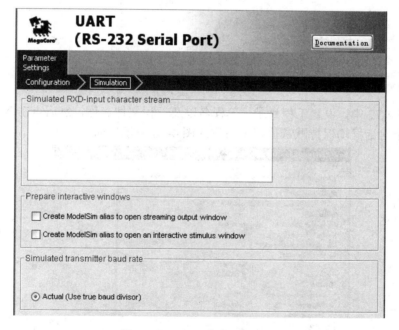

图 4-75　PIO 输入端口设置界面

图 4-76　UART 仿真设置界面

在图 4-76 中，Simulation 标签页允许在仿真期间对串口进行操作，可根据实际需要进行相应设置。

3. Nios II 硬件环境的搭建

根据本节的设计要求，Nios II 处理器需要配置 5 个组件：1 个 UART、1 个 SDRAM 控制器、1 个 JTAG UART、2 个 PIO(第 1 个 PIO 为 4 个输入口，用来读取 4 个按键的信息；

第 2 个 PIO 为 10 个输出口，用于数码管的显示控制，其中 8 个用于段控，2 个用于位控)。

UART 应用的硬件环境的建立步骤可参见本章第一节的步骤，下面简述创建步骤并详细介绍与第一节不同的地方。

第一步：新建 Quartus II 工程。

(1) 选择"开始→程序→Altera→Quartus II"菜单项，打开 Quartus II 软件，再选择"File →New Project Wizard..."菜单项，打开新建工程对话框，如图 4-77 所示。

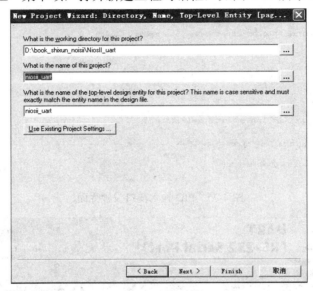

图 4-77　新建工程

(2) 在图 4-77 中，设置工程目录、工程名以及工程文件名称，然后点击 Next 按钮，随后出现的 3 个对话框均保持默认值，最后进入图 4-78 所示界面。

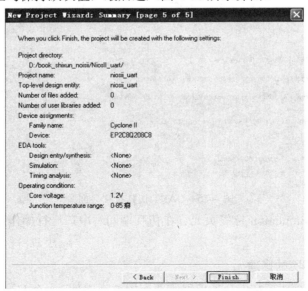

图 4-78　新建工程完成

图 4-78 显示了新建工程的相关信息，如使用的器件、工程名称、工程的顶层实体名称等信息。

第二步，生成并配置 NiosⅡ处理器。

(1) 在新建的 QuartusⅡ工程中，选择"Tools→SOPC Builder"菜单项，弹出创建新的 NiosⅡ系统对话框，如图 4-79 所示。

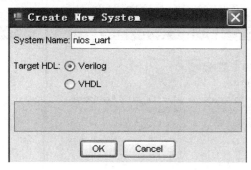

图 4-79 新建一个 NiosⅡ系统

(2) 在图 4-79 中，将新建的 NiosⅡ系统命名为"nios_uart"，点击 OK 按钮，然后在弹出的对话框中对 NiosⅡ系统进行时钟信号设置，设置时钟名称为 clk，设置时钟频率为 50 MHz。

(3) 为系统添加组件。首先按上一节的步骤，添加 5 个常用组件：1 个 NiosⅡ/e 型的 NiosⅡ处理器，1 个 JTAG UART，1 个 SDRAM Controller，2 个 PIO(一个 PIO 用于读取 4 个按键信息，另一个 PIO 用于控制两个数码管显示)。

由于 NiosⅡ系统需要使用 UART，所以需要添加 UART 外设。

(4) 为系统添加一个 UART。单击图 4-80 中的 UART 图标，再单击 Add... 按钮，或者直接双击图 4-80 中的 UART 图标，进入图 4-81 所示界面。

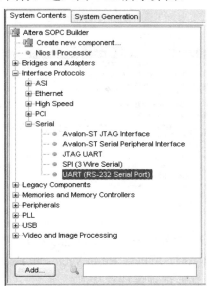

图 4-80 添加 UART

在图 4-81 中，设置波特率为 19200，其他项保持默认值，然后点击 Finish 按钮完成 UART 的添加。

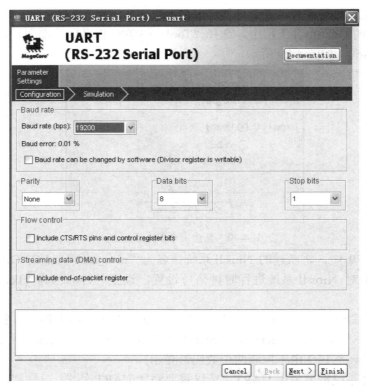

图 4-81　UART 设置

至此，Nios Ⅱ 处理器已添加 6 个组件：CPU、SDRAM、JTAG UART、2 个 PIO、1 个 UART，如图 4-82 所示。

Use	Con...	Module Name	Description	Clock	Base	End	IRQ
☑		⊟ **cpu**	Nios II Processor				
		instruction_master	Avalon Memory Mapped Master	clk			
		data_master	Avalon Memory Mapped Master		IRQ 0	IRQ 31	
		jtag_debug_module	Avalon Memory Mapped Slave		0x00000800	0x00000fff	
☑		⊟ **jtag_uart**	JTAG UART				
		avalon_jtag_slave	Avalon Memory Mapped Slave	clk	0x00000000	0x00000007	
☑		⊟ **sdram**	SDRAM Controller				
		s1	Avalon Memory Mapped Slave	clk	0x02000000	0x027fffff	
☑		⊟ **pio_key**	PIO (Parallel I/O)				
		s1	Avalon Memory Mapped Slave	clk	0x00000010	0x0000001f	
☑		⊟ **pio_SM**	PIO (Parallel I/O)				
		s1	Avalon Memory Mapped Slave	clk	0x00000020	0x0000002f	
☑		⊟ **uart**	UART (RS-232 Serial Port)				
		s1	Avalon Memory Mapped Slave	clk	0x00000040	0x0000005f	

图 4-82　Nios Ⅱ 处理器结构

(5) 双击图 4-82 中的 cpu，设置处理器的复位地址和异常地址，具体设置如图 4-83 所示。由于仅有一个存储器 SDRAM，所以在 Reset Vector 和 Exception Vector 选项的 Memory 下拉列表框中均选择 sdram，其他选项保持默认值。

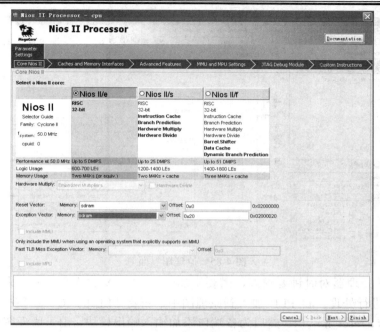

图 4-83　设置处理器复位地址和异常地址

(6) 对组件的基地址和中断号进行重新分配，同时给组件起一个有意义的名称。选择
"System→Auto-Assign Base Address"菜单项，对基地址进行重新分配，再选择"System
→Auto-Assign IRQs"菜单项，对中断号进行重新分配。

重新分配组件的基地址和中断号，并重命名，得到的 Nios Ⅱ 处理器如图 4-84
所示。

Use	Con...	Module Name	Description	Clock	Base	End	IRQ
☑		⊟ cpu	Nios II Processor	clk			
		instruction_master	Avalon Memory Mapped Master				
		data_master	Avalon Memory Mapped Master		IRQ 0	IRQ 31	
		jtag_debug_module	Avalon Memory Mapped Slave		0x01000800	0x01000fff	
☑		⊟ jtag_uart	JTAG UART				
☑		avalon_jtag_slave	Avalon Memory Mapped Slave	clk	0x01001040	0x01001047	
☑		⊟ sdram	SDRAM Controller				
		s1	Avalon Memory Mapped Slave	clk	0x00800000	0x00ffffff	
☑		⊟ pio_key	PIO (Parallel I/O)				
		s1	Avalon Memory Mapped Slave	clk	0x01001020	0x0100102f	
☑		⊟ pio_SM	PIO (Parallel I/O)				
		s1	Avalon Memory Mapped Slave	clk	0x01001030	0x0100103f	
☑		⊟ uart	UART (RS-232 Serial Port)				
		s1	Avalon Memory Mapped Slave	clk	0x01001000	0x0100101f	

图 4-84　Nios Ⅱ 处理器结构(重新分配基地址和中断号)

(7) 单击 Generate 按钮，在弹出的保存对话框中选择 Save 按钮，则开始生成刚刚
配置的 Nios Ⅱ 处理器。当出现"System generation was successful"提示时，说明 Nios Ⅱ 系
统生成成功，单击 Exit 按钮，返回 Quartus Ⅱ 软件界面。

第三步：在 Quartus Ⅱ 中建立应用 Nios Ⅱ 处理器的工程。

(1) 选择"File→New"菜单项，在弹出的对话框中选择 Block Diagram/Schematic File，建立
一个新的原理图。

(2) 单击 OK 按钮，出现原理图设计界面。双击空白处打开添加符号对话框，在右侧
展开 Project 后点击 nios_uart，加入刚刚创建的 Nios Ⅱ 处理器，再点击 OK 按钮，退出符号
对话框，然后将 Nios Ⅱ 处理器放在原理图中一个合适的位置，如图 4-85 所示。

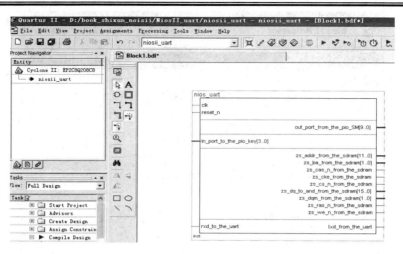

图 4-85　原理图界面

(3) Nios Ⅱ 处理器对时钟要求高，需要添加一个 FPGA 内置的 PLL 来对外部输入的 50 MHz 时钟进行处理。将 PLL 加入到原理图中，再将 PLL 的 c0、locked 端口分别连接 nios_uart 的 clk、reset_n 端口。然后为各端口添加输入输出模块，由于原理图中的输入输出 引脚较多，所以使用批量产生引脚的方法，具体方法为：全选所有模块，点击右键，在弹 出的快捷菜单中单击 Generate Pins for Symbol Ports 为所有模块生成输入输出引脚。

(4) 在原理图中修改各模块的属性，修改后的原理图如图 4-86 所示。

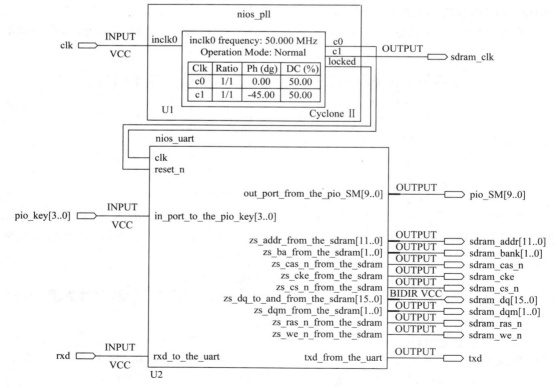

图 4-86　修改元件属性后的原理图

(5) 保存工程，在提示对话框中将原理图命名为 niosii_pio，然后单击 ▶ 图标对工程进行编译，编译无误后再为输入输出端口进行引脚锁定。

(6) 本例引脚较多，采用 TCL 脚本文件分配引脚。选择"File→New"菜单项，在弹出的对话框中选择 `Tcl Script File`，点击 OK 按钮后即可编辑 TCL 脚本文件，保存该文件为 niosii_uart_pinset.tcl，该文件内容如例 4-4 所示。

【例 4-4】　TCL 脚本文件 niosii_uart_pinset.tcl 的内容。

程序代码如下：

```
#时钟
set_location_assignment PIN_23 -to clk
#4 个 led
set_location_assignment PIN_87 -to pio_led[3]
set_location_assignment PIN_88 -to pio_led[2]
set_location_assignment PIN_89 -to pio_led[1]
set_location_assignment PIN_90 -to pio_led[0]
#4 个 key
set_location_assignment PIN_64 -to pio_key[3]
set_location_assignment PIN_63 -to pio_key[2]
set_location_assignment PIN_61 -to pio_key[1]
set_location_assignment PIN_60 -to pio_key[0]
#2 个 shumaguan
#bit sel1
set_location_assignment PIN_151 -to pio_SM[9]
#bit sel0
set_location_assignment PIN_107 -to pio_SM[8]
set_location_assignment PIN_106 -to pio_SM[7]
set_location_assignment PIN_105 -to pio_SM[6]
set_location_assignment PIN_104 -to pio_SM[5]
set_location_assignment PIN_103 -to pio_SM[4]
set_location_assignment PIN_102 -to pio_SM[3]
set_location_assignment PIN_101 -to pio_SM[2]
set_location_assignment PIN_99 -to pio_SM[1]
set_location_assignment PIN_97 -to pio_SM[0]
#UART
set_location_assignment PIN_58 -to rxd
set_location_assignment PIN_57 -to txd
#SDRAM other control signal
set_location_assignment PIN_47 -to sdram_clk
set_location_assignment PIN_201 -to sdram_cs_n
set_location_assignment PIN_205 -to sdram_we_n
```

```
set_location_assignment PIN_206 -to sdram_cas_n
set_location_assignment PIN_207 -to sdram_ras_n
set_location_assignment PIN_48 -to sdram_cke
#SDRAM bank
set_location_assignment PIN_199 -to sdram_bank[1]
set_location_assignment PIN_200 -to sdram_bank[0]
#SDRAM dqm
set_location_assignment PIN_208 -to sdram_dqm[1]
set_location_assignment PIN_203 -to sdram_dqm[0]
#SDRAM address
set_location_assignment PIN_37 -to sdram_addr[11]
set_location_assignment PIN_39 -to sdram_addr[10]
set_location_assignment PIN_40 -to sdram_addr[9]
set_location_assignment PIN_41 -to sdram_addr[8]
set_location_assignment PIN_43 -to sdram_addr[7]
set_location_assignment PIN_44 -to sdram_addr[6]
set_location_assignment PIN_45 -to sdram_addr[5]
set_location_assignment PIN_46 -to sdram_addr[4]
set_location_assignment PIN_193 -to sdram_addr[3]
set_location_assignment PIN_195 -to sdram_addr[2]
set_location_assignment PIN_197 -to sdram_addr[1]
set_location_assignment PIN_198 -to sdram_addr[0]
#SDRAM data
set_location_assignment PIN_13 -to sdram_dq[15]
set_location_assignment PIN_14 -to sdram_dq[14]
set_location_assignment PIN_15 -to sdram_dq[13]
set_location_assignment PIN_30 -to sdram_dq[12]
set_location_assignment PIN_31 -to sdram_dq[11]
set_location_assignment PIN_33 -to sdram_dq[10]
set_location_assignment PIN_34 -to sdram_dq[9]
set_location_assignment PIN_35 -to sdram_dq[8]
set_location_assignment PIN_12 -to sdram_dq[7]
set_location_assignment PIN_11 -to sdram_dq[6]
set_location_assignment PIN_10 -to sdram_dq[5]
set_location_assignment PIN_8 -to sdram_dq[4]
set_location_assignment PIN_6 -to sdram_dq[3]
set_location_assignment PIN_5 -to sdram_dq[2]
set_location_assignment PIN_4 -to sdram_dq[1]
set_location_assignment PIN_3 -to sdram_dq[0]
```

(6) 选择 "Tools→Tcl Scripts" 菜单项，在弹出的对话框中选择 niosii_uart_pinset.tcl，然后点击 Run 按钮，运行引脚锁定脚本文件，则完成引脚锁定。

(7) 单击 ► 图标对工程进行编译，编译后生成 nios_uart.sof 文件，将该文件下载到 FPGA 中。下载成功后的界面如图 4-87 所示。

图 4-87　将程序下载到 FPGA

至此，整个 Nios II 硬件环境搭建完成。下面介绍 Nios II 软件设计。

4. Nios II 软件设计

为了使工程便于管理，本节把 Nios II 的软件部分也存放在 FPGA 的工程目录中。

(1) 打开 Nios II 软件，选择 "File→ Switch Workspace... " 菜单项，在弹出的对话框中选择 niosii_uart 所在目录，如图 4-88 所示。

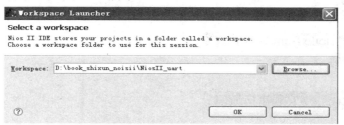

图 4-88　设置 Nios II 软件存放目录

(2) 选择 "File→New→Project" 菜单项，打开新建工程对话框，选择 Nios II C/C++ Application，单击 Next > 按钮，进入图 4-89 所示界面。

图 4-89　Nios II 工程设置

(3) 在图 4-89 中，选择工程模板为 `Hello World`；选择目标硬件为刚刚创建的 Nios II 处理器，可通过在 SOPC Builder System PTF File 下拉列表框中选择 nios_uart.ptf，如果下拉列表框中没有，则需要通过 Browse 按钮进行浏览选择；将此工程命名为 hello_uartNios。

(4) 点击 `Finish` 按钮，完成 Nios II 工程的新建。在此工程中，已经完成了一个简单的程序设计，对 hello_world.c 文件进行修改，实现设计要求，完成后的代码如例 4-5 所示。

【例 4-5】 hello_world.c 文件。

程序代码如下：

```c
#include <stdio.h>
#include <alt_types.h>
#include <altera_avalon_pio_regs.h>
#include <altera_avalon_uart_regs.h>
#include <system.h>
void uart();
int usleep();          //全局函数声明
int main()
{
    printf("Hello from Nios II!\n");
    while(1)
    {
        uart();        //实现串口通信
    }
    return 0;
}
void uart()
{
    alt_u8 txdata[6]="Hello!";    //FPGA 向 PC 发送的静态信息
    alt_u8 tx_cnt=0;              //对发送字符个数进行计数的变量
    alt_u16 data_disp=0;         //2 个数码管显示数据，0～7 位为段控码，8 和 9 两位
                                 //为位控码
    alt_u8 rxdata=0;             //初始化接收数据
    //发送静态信息
    if((IORD_ALTERA_AVALON_PIO_DATA(PIO_KEY_BASE))!=0xf)
                                 //检测是否有键按下
    {
        usleep(10000);           //延时 10 ms
        if((IORD_ALTERA_AVALON_PIO_DATA(PIO_KEY_BASE))!=0xf)
                                 //延时去抖
        {
            while((IORD_ALTERA_AVALON_PIO_DATA(PIO_KEY_BASE))!=0xf);
```

```
//等待按键松开
        for(tx_cnt=0;tx_cnt<6;tx_cnt++)              //FPGA 向 PC 发送字符串
        {
              //查询发送是否准备好，未准备好就等待，直到准备好才发送
              while(!((IORD_ALTERA_AVALON_UART_STATUS(UART_BASE))&
(ALTERA_AVALON_UART_STATUS_TRDY_MSK)));
              IOWR_ALTERA_AVALON_UART_TXDATA(UART_BASE,txdata[tx_cnt]);
        }
    }
  }
  //接收动态信息
  rxdata=IORD_ALTERA_AVALON_UART_RXDATA(UART_BASE);
                              //接收串口数据
  switch(rxdata-48) //将收到的字符 0~9 转换成送数码管的段码
    {
        case 0: data_disp=0x33f;break;
        case 1: data_disp=0x306;break;
        case 2: data_disp=0x35b;break;
        case 3: data_disp=0x34f;break;
        case 4: data_disp=0x366;break;
        case 5: data_disp=0x36d;break;
        case 6: data_disp=0x37d;break;
        case 7: data_disp=0x307;break;
        case 8: data_disp=0x37f;break;
        case 9: data_disp=0x36f;break;
        default: break;
    }
  IOWR_ALTERA_AVALON_PIO_DATA(PIO_SM_BASE,data_disp);//驱动数码管
  usleep(100000);    //延时 100 ms
}
```

程序说明：

① IORD_ALTERA_AVALON_PIO_DATA 和 IOWR_ALTERA_AVALON_PIO_DATA 是读端口和写端口的宏定义，在 altera_avalon_pio_regs.h 中。其他端口操作的宏定义也都在 altera_avalon_pio_regs.h 中。

② IORD_ALTERA_AVALON_UART_RXDATA 和 IOWR_ALTERA_AVALON_UART_TXDATA 是读串口和写串口的宏定义，在 altera_avalon_uart_regs.h 中。其他串口操作的宏定义也都在 altera_avalon_pio_regs.h 中。

③ PIO_KEY_BASE 和 UART_BASE 是在 system.h 中定义的宏，分别是 PIO_KEY 和 UART 端口的基地址。Nios Ⅱ 处理器的所有组件的配置信息，均包含在 system.h 中。

④ 例 4-5 完成的是两个设计要求，通过在 main 函数中调用 uart()子函数实现。串口处于全双工工作状态，当 4 个按键中任意一个键按下时，FPGA 都向 PC 发送"HELLO!"字符串；并随时接收 PC 向 FPGA 发送的信息，显示在数码管上。

⑤ 例 4-5 这段程序的功能还包括向 jtag_uart 调试口输出"Hello from Nios II!"。此功能是用来观察程序是否下载成功，程序运行是否正常。

(5) 设置程序的存储空间。右击工程导航的 hello_firstNios_syslib [nios_processor]，在弹出的菜单中选择 Properties，在弹出的对话框中选择 System Library，在右侧一系列下拉列表框中均选择 sdram，设置界面如图 4-90 所示。

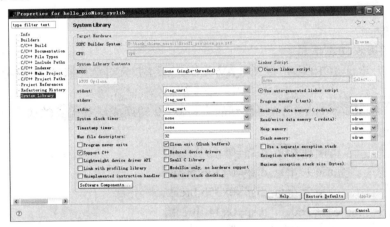

图 4-90　工程设置界面

(6) 选择"Project→Build Project"菜单项或者选择工具栏上的图标 编译整个工程。编译成功后，选择"Run→Run…"菜单项或者选择工具栏上的图标 打开 Run 对话框，如图 4-91 所示。

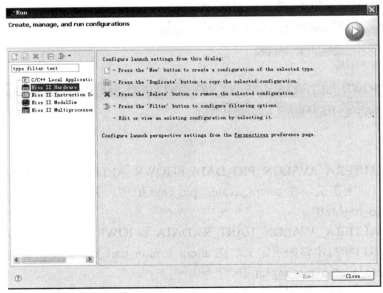

图 4-91　新建硬件运行实例

(7) 在图 4-91 中，选择 Nios Ⅱ　Hardware，单击 图标新建一个硬件运行实例。此时，硬件运行实例会自动找到 JTAG cable 和 JTAG device，如图 4-92 所示。(前提条件是 FPGA 开发板已上电，并且下载线连接正常。)

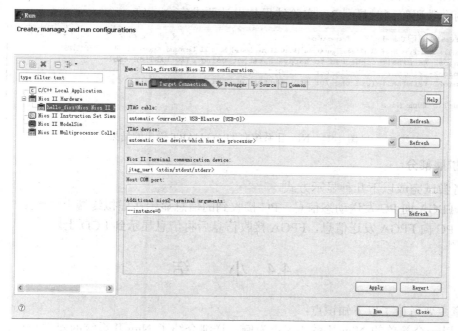

图 4-92　运行配置选项

(8) 点击图 4-92 中的 Apply 按钮，再点击 Run 按钮，运行 Nios Ⅱ 系统硬件运行实例。

(9) 打开串口调试助手，进行设置，如图 4-93 所示，设置波特率为 19200，数据位为 8，停止位为 1，无校验位。

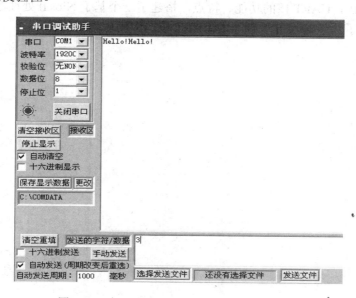

图 4-93　串口调试助手设置以及运行结果显示

(10) Nios Ⅱ 系统运行结果是向 JTAT UART 调试口输出了一行信息："Hello from Nios Ⅱ!"，如图 4-94 所示。同时在开发板上，每次按动任一按键，都可以看到串口调试助手接收到 "Hello！" 信息，如图 4-93 所示。同时在串口调试助手发送区输入 3，可以看到在开发板上两个数码管同时显示 3。实验结果与设计要求完全一致。

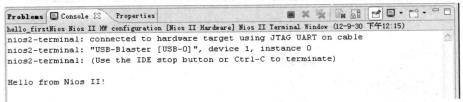

图 4-94   Nios Ⅱ 系统向 JTAG UART 输出的结果

5. 扩展部分

读者尝试完成以下几种显示方式：

(1) FPGA 向 PC 发送动态信息，PC 接收到的信息显示在虚拟终端上。

(2) PC 向 FPGA 发送信息，FPGA 接收信息后将信息显示到 LCD 上。

4.4 小   结

本章主要讨论了以下知识点：

(1) 以一个简单的 Nios Ⅱ 系统工程为例，详细介绍了 Nios Ⅱ 系统的建立与运行的基本步骤与方法。

(2) 简要介绍了 PIO 核的功能、特点，搭建了一个基于 Nios Ⅱ 处理器的 PIO 核的硬件环境，进行了基于 Nios Ⅱ 处理器的 PIO 核的应用软件设计。

(3) 简要介绍了 UART 核的功能、特点，搭建了一个基于 Nios Ⅱ 处理器的 UART 核的硬件环境，进行了基于 Nios Ⅱ 处理器的 UART 核的应用软件设计。

附录 ASCII 码表

附表 1 ASCII 码表

ASCII 码值			字符	ASCII 码值			字符
八进制	十六进制	十进制		八进制	十六进制	十进制	
00	00	0	NUL	100	40	64	@
01	01	1	SOH	101	41	65	A
02	02	2	STX	102	42	66	B
03	03	3	ETX	103	43	67	C
04	04	4	EOT	104	44	68	D
05	05	5	ENQ	105	45	69	E
06	06	6	ACK	106	46	70	F
07	07	7	BEL	107	47	71	G
10	08	8	BS	110	48	72	H
11	09	9	HT	111	49	73	I
12	0a	10	LF	112	4a	74	J
13	0b	11	VT	113	4b	75	K
14	0c	12	FF	114	4c	76	L
15	0d	13	CR	115	4d	77	M
16	0e	14	SO	116	4e	78	N
17	0f	15	SI	117	4f	79	O
20	10	16	DLE	120	50	80	P
21	11	17	DCI	121	51	81	Q
22	12	18	DC2	122	52	82	R
23	13	19	DC3	123	53	83	S
24	14	20	DC4	124	54	84	T
25	15	21	NAK	125	55	85	U
26	16	22	SYN	126	56	86	V
27	17	23	TB	127	57	87	W
30	18	24	CAN	130	58	88	X
31	19	25	EM	131	59	89	Y
32	1a	26	SUB	132	5a	90	Z
33	1b	27	ESC	133	5b	91	[
34	1c	28	FS	134	5c	92	\

续表

ASCII 码值			字符	ASCII 码值			字符
八进制	十六进制	十进制		八进制	十六进制	十进制	
35	1d	29	GS	135	5d	93	]
36	1e	30	RS	136	5e	94	^
37	1f	31	US	137	5f	95	_
40	20	32	SP	140	60	96	`
41	21	33	!	141	61	97	a
42	22	34	"	142	62	98	b
43	23	35	#	143	63	99	c
44	24	36	$	144	64	100	d
45	25	37	%	145	65	101	e
46	26	38	&	146	66	102	f
47	27	39	`	147	67	103	g
50	28	40	(	150	68	104	h
51	29	41	)	151	69	105	i
52	2a	42	*	152	6a	106	j
53	2b	43	+	153	6b	107	k
54	2c	44	,	154	6c	108	l
55	2d	45	-	155	6d	109	m
56	2e	46	.	156	6e	110	n
57	2f	47	/	157	6f	111	o
60	30	48	0	160	70	112	p
61	31	49	1	161	71	113	q
62	32	50	2	162	72	114	r
63	33	51	3	163	73	115	s
64	34	52	4	164	74	116	t
65	35	53	5	165	75	117	u
66	36	54	6	166	76	118	v
67	37	55	7	167	77	119	w
70	38	56	8	170	78	120	x
71	39	57	9	171	79	121	y
72	3a	58	:	172	7a	122	z
73	3b	59	;	173	7b	123	{
74	3c	60	<	174	7c	124		
75	3d	61	=	175	7d	125	}
76	3e	62	>	176	7e	126	~
77	3f	63	?	177	7f	127	DEL

附表 2　ASCII 码表的常见形式

	0	1	2	3	4	5	6	7	8	9	A	B	C	D	E	F
0	NUL	SOH	STX	ETX	EOT	ENQ	ACK	BEL	BS	HT	LF	VT	FF	CR	SO	SI
1	DLE	DC1	DC2	DC3	DC4	NAK	SYN	ETB	CAN	EM	SUB	ESC	FS	GS	RS	US
2	SP	!	"	#	$	%	&	'	(	)	*	+	,	-	.	/
3	0	1	2	3	4	5	6	7	8	9	:	;	<	=	>	?
4	@	A	B	C	D	E	F	G	H	I	J	K	L	M	N	O
5	P	Q	R	S	T	U	V	W	X	Y	Z	[	\	]	^	_
6	`	a	b	c	d	e	f	g	h	i	j	k	l	m	n	o
7	p	q	r	s	t	u	v	w	x	y	z	{	|	}	~	DEL

注：表中，左边一列是 7 位十六进制数的高 3 位，上面一行是 7 位十六进制数的低 4 位。

附表 3　ASCII 码表控制字符的全称及含义

简称	全称	含义	简称	全称	含义
NUL	Null char	空	DC1	Device Control 1	设备控制 1
SOH	Start of Header	标题开始	DC2	Device Control 2	设备控制 2
STX	Start of Text	正文开始	DC3	Device Control 3	设备控制 3
ETX	End of Text	正文结束	DC4	Device Control 4	设备控制 4
EOT	End of Transmission	传输结束	NAK	Negative Acknowledgement	否定
ENQ	Enquiry	询问字符	SYN	Synchronous Idle	同步空闲
ACK	Acknowledgment	承认	ETB	End of Trans. Block	信息组传送结束
BEL	Bell	报警	CAN	Cancel	取消
BS	Backspace	退一格	EM	End of Medium	纸尽
HT	Horizontal Tab	横向列表	SUB	Substitute	置换
LF	Line Feed	换行	ESC	Escape	换码
VT	Vertical Tab	垂直制表	FS	File Separator	文字分隔符
FF	Form Feed	走纸控制	GS	Group Separator	组分隔符
CR	Carriage Return	回车	RS	Record Separator	记录分隔符
SO	Shift Out	移位输出	US	Unit Separator	单元分隔符
SI	Shift In	移位输入	SP	Space	空格
DLE	Data Link Escape	空格	DEL	delete	删除

参 考 文 献

[1]   贺敬凯. Verilog HDL 数字设计教程. 西安: 西安电子科技大学出版社, 2010.

[2]   刘福奇. 基于 VHDL 的 FPGA 和 Nios II 实例精炼. 北京: 北京航空航天大学出版社, 2011.